21世纪高等学校计算机专业实用系列教材

HTML5+CSS3

网页设计与制作

微课视频版

千峰教育 | 组编

翟宝峰 邓明亮 | 主编

陈一鸣 龚雪亮 | 副主编

清华大学出版社

北京

内 容 简 介

本书是适合 HTML5 初学者学习的入门教材之一,从初学者的角度出发,理论与实践相结合,使用通俗易懂的语言进行概念讲解,并提供实用的案例对知识点加以说明,使读者能够更清晰地理解各个标签和属性的用法,同时对书中所讲解的知识点能够融会贯通,更加高效地使用 HTML5 和 CSS3 技术进行网页制作。

全书共 12 章,从 HTML5 和 CSS3 基础知识入手,逐渐过渡到对 HTML5 和 CSS3 的深入学习,对网页文本、图片、超链接、列表、表单和表格等进行优化,并在此基础上使用 CSS3 对网页的整体样式进行设计。本书附有源代码、习题、教学课件等资源,为帮助初学者更好地学习,编者还提供在线答疑服务,希望可以帮助更多的读者。

本书可作为高等学校计算机相关专业网页设计与制作课程的教材,也可作为网页设计行业从业人员的参考读物。

图书在版编目(CIP)数据

HTML5＋CSS3 网页设计与制作:微课视频版/千锋教育组编;翟宝峰,邓明亮主编.—北京:清华大学出版社,2024.1(2025.2重印)

21 世纪高等学校计算机专业实用系列教材

ISBN 978-7-302-65333-2

Ⅰ.①H… Ⅱ.①千… ②翟… ③邓… Ⅲ.①超文本标记语言—程序设计 ②网页制作工具 Ⅳ.①TP312.8 ②TP393.092.2

中国国家版本馆 CIP 数据核字(2024)第 018806 号

责任编辑:闫红梅 李 燕
封面设计:吕春林
责任校对:郝美丽
责任印制:刘海龙

出版发行:清华大学出版社
　　　　　网　　　址: https://www.tup.com.cn, https://www.wqxuetang.com
　　　　　地　　　址: 北京清华大学学研大厦 A 座　　　　邮　　编: 100084
　　　　　社　总　机: 010-83470000　　　　　　　　　　邮　　购: 010-62786544
　　　　　投稿与读者服务: 010-62776969, c-service@tup.tsinghua.edu.cn
　　　　　质量反馈: 010-62772015, zhiliang@tup.tsinghua.edu.cn
　　　　　课件下载: https://www.tup.com.cn,010-83470236
印　装　者:小森印刷霸州有限公司
经　　　销:全国新华书店
开　　　本:185mm×260mm　　　印　张:17.75　　　字　　数:435 千字
版　　　次:2024 年 2 月第 1 版　　　　　　　　　　印　　次:2025 年 2 月第 2 次印刷
印　　　数:1501～2500
定　　　价:49.90 元

产品编号:103204-01

前 言

北京千锋互联科技有限公司(简称"千锋教育")成立于 2011 年 1 月,立足于职业教育培训领域,现有教育培训、高校服务、企业服务三大业务板块。其中教育培训业务分为大学生技能培训和职后技能培训;高校服务业务主要提供校企合作全解决方案与定制服务;企业服务业务主要为企业提供专业化综合服务。公司总部位于北京,目前已在 20 多个城市成立分公司,现有教研讲师团队 300 余人。公司目前已与国内 2 万余家 IT 相关企业建立人才输送合作关系,每年培养泛 IT 人才近 2 万人,十年间累计培养 10 余万泛 IT 人才,累计向互联网输出免费学科视频 950 余套,累积播放量超 9800 万次。每年有数百万名学员接受千锋教育组织的技术研讨会、技术培训课、网络公开课及免费学科视频等服务。

千锋教育自成立以来一直秉承"初心至善,匠心育人"的工匠精神,打造学科课程体系和课程内容,高教产品部认真研读国家教育大政方针,在"三教改革"和公司的战略指导下,集公司优质资源编写高校教材,目前已经出版新一代 IT 技术教材 50 余种,积极参与高校的专业共建、课程改革项目,将优质资源输送到高校。

高校服务

锋云智慧教辅平台(www.fengyunedu.cn)是千锋教育专为中国高校打造的智慧学习云平台,依托千锋先进的教学资源与服务团队,可为高校师生提供全方位教辅服务,助力学科和专业建设。平台包括视频教程、原创教材、教辅平台、精品课、锋云录等专题栏目,为高校输送教材配套的课程视频、教学素材、教学案例、考试系统等教学辅助资源和工具,并为**教师提供样书快递及增值服务**。

锋云智慧服务 QQ 群

读者服务

学 IT 有疑问,就找"千问千知",这是一个有问必答的 IT 社区,平台上的专业答疑辅导老师承诺在工作时间 3 小时内答复您学习 IT 时遇到的专业问题。读者也可以通过扫描下方的二维码关注"千问千知"微信公众号，浏览其他学习者在学习中分享的问题和收获。

"千问千知"微信公众号

资源获取

本书配套资源可添加小千 QQ 账号：2133320438 或扫下方二维码获取。

小千 QQ 账号

前　言

目前,伴随着移动互联网的市场占有率不断攀升,Web 前端开发有了更大的发展机遇。HTML5 和 CSS3 的发展和进步,不仅是社会变革的推动,更是无数前端开发者共同努力的结果。HTML5 与 CSS3 相辅相成,两者之间互相成就,这两种技术的融合能够为前端开发者设计精美网页提供很大的助力,同时也在改善页面效果、提高用户交互体验方面发挥更为重要的作用。

本书是前端初学者的优质入门教材,内容通俗易懂、由浅入深、循序渐进。本书内容覆盖全面、讲解详细,以实用的案例来剖析晦涩的知识点,并通过精简核心内容,摒弃老旧的概念与语法,突出内容要点,更利于读者理解书中所讲的内容。全书共 12 章,从 HTML5 和 CSS3 基础知识入手,逐渐过渡到对 HTML5 和 CSS3 的深入学习。第 1～3 章主要介绍 HTML5 的入门知识,以及常用标签、HTML5 表格与表单的用法;第 4～6 章主要介绍 CSS3 的选择器、属性、盒子模型、浮动和定位的用法;第 7～9 章主要介绍 HTML5 和 CSS3 新增标签和属性,以及 CSS3 高级动画的制作;第 10、11 章主要介绍 HTML5 和 CSS3 的相关练习案例,以及网页开发的制作流程;第 12 章主要介绍移动端的布局方式和响应式开发。此外,在本书每个章节中提供了难度适中且具有代表性的综合实例,不仅能够帮助读者补充强化对基本知识点的理解和应用,还能进一步提升"现学现用"的实战能力,为学习 Web 前端开发奠定坚实的基础。

本书特点

本书内容由浅入深、图文并茂,注重知识的综合应用,从 HTML5 和 CSS3 的基础知识进行讲解,难度逐步进阶,使读者能够全面地了解并学习 HTML5 和 CSS3 技术,从而实现网页的设计和制作。

本书主要内容如下。

第 1 章:介绍 Web 前端概述、相关行业信息、HTML5 基础知识和 VS Code 编辑器的使用,并运行第一个 HTML5 网页。

第 2 章:介绍 HTML5 语义化的含义,对 HTML 的常用标签进行讲解,如标题、段落、列表等。

第 3 章:介绍 HTM5 表格与表单的基本用法。

第 4 章:介绍 CSS3 样式的 3 种引入方式,以及 CSS3 选择器的用法。

第 5 章:介绍 CSS3 的基本属性和样式的继承,以及控制显示或隐藏的相关属性。

第 6 章:介绍 CSS3 盒子模型的结构和用法、CSS3 浮动,以及清除浮动的 4 种方式和

CSS3 的 3 种定位方式。

第 7 章：介绍 HTML5 的新标签和新属性，如结构标签、媒体标签、表单控件标签等。

第 8 章：介绍 CSS3 新增的文本属性、背景属性和边框属性。

第 9 章：介绍 CSS3 高级动画的制作，如 transition 过渡、animation 动画、2D 和 3D 变形方法的用法。

第 10 章：介绍 HTML5 与 CSS3 的实战演练，如屏幕居中设计、分页居中展示、三角形图标、精美的"上传"按钮、添加省略号和合并表格边框。

第 11 章：介绍网页制作的开发流程以及图书网页的静态页面实现。

第 12 章：介绍移动端布局和响应式开发，如流式布局、Flex 布局、Rem 布局和媒体查询。

通过本书的系统学习，读者能够快速掌握 HTML5 和 CSS3 技术的应用，并提升对网页设计与制作的编程能力，为后续学习前端的进阶以及高级技术奠定基础。

致谢

本书的编写和整理工作由北京千锋互联科技有限公司高教产品部完成，其中主要的参与人员有翟宝峰、邓明亮、陈一鸣、龚雪亮、吕春林、柴永菲、李彩艳、韩文雅等。除此之外，千锋教育的 500 多名学员参与了本书的试读工作，他们站在初学者的角度对本书提出了许多宝贵的修改意见，在此一并表示衷心的感谢。

意见反馈

在本书的编写过程中，编者力求完美，但书中难免有不足之处，欢迎各界专家和读者朋友给予宝贵的意见，联系方式：textbook@1000phone.com。

编　者

2023 年 5 月于北京

目　录

第1章 Web 前端技术简介

学习目标

- 了解 Web 前端技术和相关行业信息。
- 认识 W3C、Web 标准和 Web 前端的 3 大核心技术。
- 掌握 HTML5 的入门知识。
- 了解各个主流浏览器的内核及其介绍。
- 熟练使用 Web 前端开发工具。

HTML5 是由万维网发布的最新的语言规范,是 Web 网络平台的奠基石。互联网中的网页大多数都是使用 HTML5 格式开发并展示到用户面前的,因 HTML5 在网页中不可或缺的地位而广受欢迎,因此 HTML5 已成为目前流行的网页制作语言。为了使网页具有更好的扩展性和用户体验,CSS3 样式表在网页设计中有着举足轻重的地位。在学习 HTML5 和 CSS3 之前,需要了解一些基本的互联网相关知识,本章将从 Web 前端概述、HTML5 入门和 Web 前端开发工具开始,带领大家开启 Web 开发之旅。

1.1 Web 前端概述

Web 前端通常指用户日常浏览的网页,如课程首页、课程详情页、图书信息页等都是网页。在正式进行网页制作之前还需要了解与网页相关的概述,接下来本节将对 Web 前端的相关概述进行详细讲解。

1.1.1 初识 Web 前端

1991 年 8 月 6 日,来自欧洲核子研究中心的科学家启动了世界上第一个可以正式访问的网站,从此人类宣布了互联网时代的到来。

1. 前端的发展演变

Web 前端开发是从网页制作发展而来的,名称上有明显的时代特征。随着人们对用户体验的要求越来越高,前端开发的技术难度也越来越大,Web 前端开发这个职业也从设计与制作不分离的局面中独立出来。

在互联网的发展过程中,Web 前端发展初期的 HTML 技术只能展示简单的网页,极其不易于开发者维护与更新网站。那个时期的网站受技术的局限,网站的内容基本都是静态的,用户使用网站的行为也以浏览为主,Web 前端发展初期被称为 Web 1.0 时代。

互联网进入 Web 2.0 时代以后,涌现出大量的类似于桌面软件的 Web 应用,用户不仅

2

能浏览网页,还能对网页上的内容进行操作。网站的前端页面因此发生变化,网页不再只是单一地承载文字和图片,各种媒体的应用使网页内容变得更丰富多彩,同时也提升了用户体验。

2. 服务器端渲染和客户端渲染

越来越复杂的 UI 网页设计意味着渲染工作变得更繁重。目前网页渲染通常有两种方式,即服务器端渲染与客户端渲染。

1) 服务器端渲染

在互联网早期,用户使用浏览器浏览的都是一些没有复杂逻辑的、简单的网页,这些网页都是经过后端服务器返回给前端的完整 HTML 文件,再由浏览器进行解析并展示整个网页,这便是服务器端渲染。

2) 客户端渲染

伴随着前端网页的复杂性提升,前端不再只负责页面的简单展示,通过内置大量功能性组件大大提升了其复杂性。此外,伴随着 Ajax 的兴起,业界开始推崇前后端分离的开发模式,即后端不提供完整的 HTML 网页,而是提供一些 API 使得前端可以获取到 JSON 数据,前端获得 JSON 数据之后,在 HTML 网页中嵌入 JSON 数据,最后展示在浏览器上,这便是客户端渲染。如此,前端就可以专注于 UI 的开发,后端专注于逻辑的开发。

3. Web 开发职位

Web 开发职位可分为网页设计师(UI 设计师)、数据库工程师、Web 前端工程师和 Web 后端工程师。接下来将介绍这四大开发职位的分工。

(1) UI 设计师根据产品的需求做出网站效果图,交付给 Web 前端工程师进行图片切割和网页制作。

(2) 数据库工程师负责把网站数据进行存储和优化处理。

(3) Web 前端工程师需要充分理解项目需求和设计需求,并与 UI 设计师、Web 后端工程师紧密合作,产出高质量的网站展示层,为用户呈现友好的界面交互体验。

(4) Web 后端工程师负责对网站数据进行增、删、改、查等逻辑处理,并将处理后的数据返给 Web 前端工程师,Web 前端工程师会使这些数据显示在页面中并具备交互结果。

网站开发模式如图 1-1 所示。

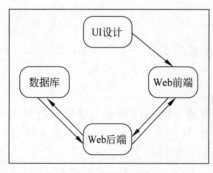

图 1-1　网站开发模式

一位好的 Web 前端工程师在知识体系上既要有广度,又要有深度,因此资深的 Web 前端工程师岗位的需求量较大。目前,Web 前端工程师的重点不在于对技术的讲解,而更侧重于对技巧的讲解。技术非黑即白,只有对和错,而技巧则见仁见智。无论是在开发难度上,还是在开发方式上,现在的网页制作都更接近传统的网站后端开发,因此现在的前端不再是简单的网页制作,而是被称为 Web 前端开发。Web 前端开发是一项很特殊的工作,涵盖的知识面非常广,既有具体的技术,又有抽象的理念。简单地说,它的主要职能就是把网站的界面更好地呈现给用户。

1.1.2　认识 W3C

W3C(World Wide Web Consortium,万维网联盟)于 1994 年创建,是 Web 技术领域最具权威性和影响力的国际中立性技术标准机构,它的主要工作是制定 Web 规范。W3C 已发布了 200 多项影响深远的 Web 技术标准及实施指南,如广为业界采用的超文本标记语言(HTML)(标准通用标记语言下的一个应用)、可扩展标记语言(XML)(标准通用标记语言下的一个子集)等,有效促进了 Web 技术的互相兼容,对互联网技术的发展和应用起到了基础性和根本性的支撑作用。

W3C 在 1994 年被创建的目的是完成麻省理工学院(MIT)与欧洲粒子物理研究所(CERN)之间的协同工作。W3C 是一个致力于"尽展万维网潜能"的国际性联盟,维护了万维网标准,使万维网更加标准化。

1. 万维网

万维网(World Wide Web,亦作 Web、WWW、W3)是一种基于超文本和超文本传输协议(HyperText Transfer Protocol,HTTP)的、全球性的、动态交互的、跨平台的分布式图形信息系统。万维网的核心部分是由 3 个标准构成的,第 1 个标准为统一资源标识符(Uniform Resource Locator,URL),这是一个统一的为资源定位的系统;第 2 个标准为超文本传送协议(HTTP),它规定客户端和服务器之间的交流方式;第 3 个标准为超文本标记语言(HTML),作用是定义超文本文档的结构和格式。在万维网这个系统中,每个有价值的事物被称为"资源",并且由一个全局的"统一资源标识符"进行标识,这些资源由超文本传输协议传送给用户,而用户则可以通过单击链接来获得资源。

2. 万维网的工作原理

了解万维网的工作原理对学习 Web 前端是相当重要的。当用户想要访问万维网上的一个网页或其他网络资源时,首先需要在浏览器上输入目标网页的统一资源标识符或者通过超链接方式链接到要访问的网页或网络资源,并根据数据库解析结果决定进入哪一个 IP 地址。然后向为该 IP 地址工作的服务器发送一个 HTTP 请求,通常情况下,HTML 文本、图片和构成该网页的一切其他文件很快会被逐一请求并返回给用户。最后浏览器会把 HTML、CSS 和其他接收到的文件所描述的内容,加上图像、链接和其他资源展示给用户。这些就构成了用户所看到的"网页"。

1.1.3　Web 标准

在日常生活中,经常会使用到一些标准,所谓"无规矩不成方圆",只有制定一个统一的准则,所有人去遵守它,才不至于让生活变得混乱。

1. 由来

1998 年 Web 标准项目(Web Standards Project,WSP)成立,其一直致力于实现不同浏览器的标准和基于标准的 Web 设计方法。Web 标准项目的目标是降低 Web 开发成本与复杂性,使 Web 内容在不同设备和辅助技术之间具有一致性和兼容性,提高 Web 页面的可访问性。Web 标准项目人员说服浏览器开发商和工具开发商进行改进,以支持 W3C 推荐的 Web 标准,如 HTML5、CSS3 等。

与日常生活中大家一致认同并遵守的交通规则类似,Web 标准就如同一个浏览器准则。当浏览器制造商和 Web 开发人员均采用统一的标准时,就能大大地减少编写浏览器专用标记的需求。即便是在各种不同的浏览器或是不同的操作系统下,开发者使用结构良好的 HTML5 对网页内容进行标记,并使用 CSS3 来控制网页的呈现,都能够设计出在标准各异的浏览器中显示一致的 Web 网站。更重要的是,当同样的标记由基于文本的旧式浏览器或移动设备浏览器呈现时,其内容仍然是可访问的。Web 标准不仅节约了 Web 开发者的时间,更解决了跨平台开发或浏览器的兼容性问题。

2. 构成

Web 标准不是某一个标准,而是一系列标准的集合。网页主要由结构(Structure)、表现(Presentation)和行为(Behavior)3 部分组成。对应的标准也分为 3 类,结构化标准语言主要包括 XHTML 和 XML,表现标准语言主要包括 CSS(Cascading Style Sheet,层叠样式表),行为标准主要包括对象模型(如 W3C DOM)、ECMAScript(JavaScript 语言的核心内容)等。这些标准大部分由 W3C 起草和发布,也有一些是由其他标准组织制定的标准,如 ECMA(European Computer Manufacturers Association,原欧洲计算机制造商协会)的 ECMAScript 标准。

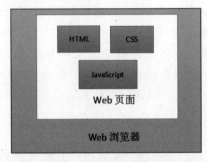

图 1-2　网页构成

根据 W3C 标准,可以简单理解为一个网页主要由 3 部分组成,即结构——HTML、表现——CSS 和行为——JavaScript,HTML 实现页面结构,CSS 完成页面的表现与风格,JavaScript 实现一些客户端的功能与业务,三者和谐地存在于浏览器中。网页构成如图 1-2 所示。

Web 标准的出现,主要是为了解决因浏览器版本不同、软硬件设备不同导致的许多版本开发问题。Web 标准提出的最佳体验方案是结构、表现和行为相分离,可以简单理解为,将结构写到 HTML 文件中,将表现写到 CSS 文件中,将行为写到 JavaScript 文件中。

3. 分离方案的优点

Web 标准中的结构、表现和行为相分离的方案有以下 5 方面的优点。

(1) 易于维护,只需更改 CSS 文件,就可以改变整个网站的样式。

(2) 页面响应速度快,HTML 文档体积小,响应时间短。

(3) 可访问,语义化的 HTML 开发的网页文件更容易被屏幕阅读器识别。

(4) 设备间可兼容,不同的样式表可以让网页在不同的设备上呈现不同的样式。

(5) 搜索引擎可解析,语义化的 HTML 能更容易地被搜索引擎解析,提升排名。

Web 标准一般是将结构、表现和行为独立分开,使其更具模块化。但当一般网页产生交互行为时,就会有结构或者表现的变化,使这三者的界限并不那么清晰。

1.1.4　Web 前端 3 大核心技术

Web 前端开发所包含的 3 大核心技术即 HTML、CSS、JavaScript,接下来将对其进行详细介绍。

1. HTML

HTML 是制作网页的标准语言。"超文本"指页面可以包含图片、链接,甚至音乐、程序等非文字元素。HTML 是标准通用标记语言下的一个应用,也是一种规范和标准。

HTML 通过各类标签来标记需要显示在网页中的各个部分。网页文件本身是一种文本文件,通过在文本文件中添加标签,可以规定浏览器如何显示其中的内容,如文字如何处理、布局如何安排、图片如何显示等。

2. CSS

CSS 是一种用于表现 HTML 或 XML(标准通用标记语言的一个子集)等文件样式的语言,用于为 HTML 文档定义布局。CSS 不仅可以静态地修饰网页,还可以结合各种脚本语言动态地对网页各元素进行格式化。CSS 能够对网页中元素位置的排版进行像素级的精确控制,支持几乎所有的字体、字号和样式,拥有编辑网页对象和模型样式的能力。

3. JavaScript

JavaScript 是一种轻量级、解释型的 Web 开发语言,它已经被广泛用于 Web 前端开发,常用来为网页添加各式各样的动态功能,为用户提供更流畅美观的浏览效果。它的解释器被称为 JavaScript 引擎,属于浏览器的一部分,因此 JavaScript 代码由浏览器边解释边执行。通常 JavaScript 脚本需要嵌入在 HTML 中来实现自身的功能。

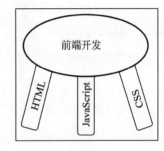

Web 前端 3 大核心技术就像板凳的三条腿,缺一不可。接下来使用图片来表示三者之间的联系,Web 前端的 3 大核心技术如图 1-3 所示。

图 1-3　Web 前端的 3 大核心技术

1.2　HTML5 入门

1.2.1　HTML 历史版本

目前在 Web 前端开发中,普遍使用的是 HTML 的最新版本 HTML5。HTML5 是一个网页的核心,是 HTML 的第五次重大改修,在一些基本标签内添加内容便可完成一个简单的 HTML5 文件,运行之后即可在浏览器中显示网页。HTML5 主要的目标是将互联网语义化,以便更好地被人类和机器阅读,同时更好地支持在网页中嵌入各种媒体。

HTML 自诞生以来便出现了许多版本,HTML 历史版本的具体说明如表 1-1 所示。

表 1-1　HTML 历史版本的具体说明

版　　本	发布时间	说　　明
HTML 1.0	1993 年 6 月	作为互联网工程工作小组(IETF)工作草案发布
HTML 2.0	1995 年 11 月	作为 RFC 1866 发布,于 2000 年 6 月发布之后被宣布已经过时
HTML 3.2	1997 年 1 月 14 日	W3C 推荐标准
HTML 4.0	1997 年 12 月 18 日	W3C 推荐标准
HTML 4.01(微小改进)	1999 年 12 月 24 日	W3C 推荐标准
XHTML 1.0	2000 年 1 月 26 日	W3C 推荐标准,后来经过修订于 2002 年 8 月 1 日重新发布

续表

版　　本	发布时间	说　　明
XHTML 1.1	2001 年 5 月 31 日	W3C 推荐标准
XHTML 2.0 草案	2002 年 8 月 5 日	2009 年，XHTML 2.0 被放弃，全面投入 HTML 5 规格的发展
HTML5 草案	2008 年 1 月 22 日	2007 年，W3C 采纳了 HTML5 规范草案，并于 2008 年 1 月 22 日正式发布
HTML 5.0	2014 年 10 月 28 日	W3C 正式发布 HTML 5.0 推荐标准

1.2.2 新增语法

HTML5 在之前的 HTML 语法上进行了相应的改进，接下来将对 5 种改进的语法方式进行详细讲解。

1. DOCTYPE 文档及编码

HTML5 模式下的 DOCTYPE 文档的写法非常简单，只需要通过一行简单的代码即可实现。具体示例如下。

```
<!DOCTYPE html>
```

比起 HTML 4.01 和 XHTML 2.0，HTML5 模式下的 DOCTYPE 文档的写法更简便。除了文档简便外，其编码写法也得到了简化，只需要指定编码方式即可。具体示例如下。

```
<meta charset="utf-8">
```

2. 忽略元素大小写

XHTML 2.0 对大小写要求非常严格，规定所有标签和属性都必须小写。在 HTML5 语法中，大小写没有严格的要求，可以忽略元素大小写。具体示例如下。

```
<body>
    <input type="text">
    <INPUT type="text">
    <input TYPE="text">
</body>
```

以上写法在 HTML5 中都是正确的，但值得注意的是，按照 W3C 规定的标准，应尽量采用统一小写的方式来操作 HTML 标签和属性。

3. 属性布尔值

在 HTML 4.01 和 XHTML 2.0 中，标签属性必须完整展示，即属性名和属性值必须同时存在。如设置复选框的选中状态，具体示例如下。

```
<body>
    <input type="checkbox" checked="checked">
</body>
```

在 HTML5 语法中，可以只写属性名，省略属性值。当只写属性名时，默认属性值为 true。如果不写此属性，默认值是 false。true 和 false 分别代表真和假，属于数据类型中的布尔值类型。具体示例如下。

```
< body >
    < input type = "checkbox" checked >
</body >
```

4. 属性省略引号

在 HTML5 语法中,对包裹属性值的引号没有太多的要求,可以采用双引号,也可以采用单引号,甚至可以不写引号。具体示例如下。

```
< body >
    < input type = "text">
    < input type = 'text'>
    < input type = text >
</body >
```

以上属性值的写法都是正确的,但是要注意一点,当属性值中间有空格隔开时,需要加上引号。具体示例如下。

```
< body >
    < input type = "text" class = "box1 box2">    <!-- 正确 -->
    < input type = "text" class = box1 box2 >      <!-- 错误 -->
</body >
```

同样根据 W3C 规定的规范标准,应尽量给属性名添加引号且最好为双引号,这也是行业中一直遵守的规范写法。

5. 简化标签

在 HTML 4.01 和 XHTML 2.0 中,单标签必须用斜杠进行闭合操作,如 input 标签写法。具体示例如下。

```
< body >
    < input type = "checkbox" />
</body >
```

在 HTML5 语法中,对于单标签不需要闭合操作,直接书写单标签即可,这是 W3C 推荐的标准写法。具体示例如下。

```
< body >
    < input type = "checkbox">
</body >
```

1.2.3　HTML 与 XHTML 的关系

HTML 的语法较为宽松,如标签和属性可以是大写、小写或者任意大小写字母的组合,标签可以不闭合等。有些设备很难兼容这些松散的语法,如手机、打印机等,这并不符合 HTML 的发展趋势,因此在 1999 年 12 月 W3C 推出了 HTML 4.01 版本后解散了 HTML 工作组。转而开发 XHTML,并于 2000 年 1 月 26 日发布了 XHTML 1.0。

XHTML 是更严谨纯净的 HTML 版本,XHTML 比 HTML 的语法更加规范和严谨,目的是实现 HTML 向 XML 过渡,使开发者按照统一的风格来编写标签,HTML 中标签和属性不区分大小写,而有效的 XHTML 文档则要求所有标签和属性必须一律小写,当然还有一些其他的规范和要求,这里不再赘述。虽然 XML 的数据转换能力强,完全可以替代

Web 前端技术简介

HTML,但是面对互联网上大量基于 HTML 编写的网站,直接采用 XML 还为时过早,因此在 HTML 4.0 的基础上,用 XML 的语法规则对其进行扩展,从而得到 XHTML。

注：XML(eXtensible Markup Language)指可扩展标记语言,用于传输和存储数据。XML 也可以作为多种语言的基础语言,如 XHTML、SVG 等。

不同版本的 HTML 对<!DOCTYPE>的写法也有不同,具体如下。

HTML 4.01 中<!DOCTYPE>的写法如下：

```
<! DOCTYPE HTML PUBLIC " - //W3C//DTD HTML 4.01 Transitional//EN"
"http://www.w3.org/TR/html4/loose.dtd">
```

XHTML 1.01 中<!DOCTYPE>的写法如下：

```
<! DOCTYPE html PUBLIC " - //W3C//DTD XHTML 1.0 Transitional//EN"
"http://www.w3.org/TR/xhtml1/DTD/xhtml1 - transitional.dtd">
```

HTML5 中<!DOCTYPE>的写法如下：

```
<! DOCTYPE HTML >
```

在实际开发中,推荐读者采用 HTML5 版本<!DOCTYPE>的写法。

1.2.4 HTML5 的基本结构

以下是一个基本的 HTML5 文件,可以通过这个简单的 HTML5 文件来分析其基本结构,具体代码如例 1-1 所示。

【例 1-1】 HTML5 文件。

```
1   <! DOCTYPE html >
2   < html lang = "en">
3   < head >
4   < meta charset = "UTF - 8">
5   < title > HTML5 文件</title>
6   </head >
7   < body >
8   <!-- HTML5 文件的注释,在网页中不会被解析出来 -->
9   一个 HTML5 文件的基本结构
10  </body >
11  </html >
```

HTML5 文件的运行效果如图 1-4 所示。

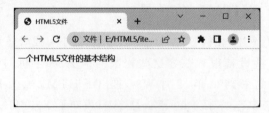

图 1-4 HTML5 文件的运行效果

一个 HTML5 文件的基本结构主要由文件声明(<!DOCTYPE html >)、HTML 文档(< html >)、文件头部(< head >)和文件主体(< body >)4 部分构成。除此之外,还可在 HTML5 文件中添加注释,对代码进行解释。

1. 文件声明

<!DOCTYPE>声明必须在 HTML 文件的第一行,位于< html >标签之前。<!DOCTYPE>声明不是 HTML 标签,它用于向浏览器说明当前文件属于哪种规范,如 HTML 或 XHTML标准规范。<!DOCTYPE>声明与浏览器的兼容性有关,如果没有<!DOCTYPE>,就会由浏览器决定如何展示 HTML 页面。

<!DOCTYPE html>是 HTML5 标准网页声明,表示向浏览器说明当前文件使用HTML5 标准规范。

2. HTML 文档

< html ></html>是 HTML5 文件的文档标签,< html >是 HTML5 文件的开始标签,也被称为根标签,是指文件的最外层,</html>是 HTML5 文件的结束标签。网页的所有内容都需要写在< html ></html>标签中。

< html lang＝"en">中的 lang 属性用于获取或设置文档内容的基本语言,"en"表示英文(English)。

3. 文件头部

< head ></head>是 HTML5 文件的头部标签,< head >是 HTML5 文件头部标签的开始标签,</head>是 HTML5 文件头部标签的结束标签。它用于定义文档的头部信息,是所有头部元素的容器,描述了文件的各种属性和信息。

头部元素中的常用标签包括< meta >、< title >、< script >、< style >、< link >等,这些标签的说明如表 1-2 所示。

表 1-2　头部元素中的常用标签及其说明

标　签	说　明
< meta >	辅助标签,用于定义页面的相关信息,例如,描述页面的作者、摘要、关键词、版权、自动刷新等页面信息
< title ></title >	标题标签,用于定义页面的标题
< script ></script >	用于定义客户端脚本语言,如 JavaScript
< style ></style >	用于定义 HTML 文件的样式文档
< link >	用于定义文件与外部资源之间的关系

在例 1-1 中,< meta charset＝"UTF-8">中的 charset 属性规定 HTML 文件的字符编码,UTF-8 属于国际通用编码方式,可以防止中文乱码。

4. 文件主体

< body ></body>是主体标签,< body >是正文内容的开始标记,</body>是正文内容的结束标记。它用于定义文件的内容,可包含图片、文本、视频、音频、超链接、表格、列表等各种内容。

5. HTML5 注释

在 HTML5 文件中,<!-- 注释内容 -->是 HTML 文件的注释,用于标注网页内容的注释部分,它的主要作用是对代码进行解释,给开发人员作参考,且不会被浏览器解析和执行。

1.2.5　HTML5 标签与元素

1. HTML5 标签

HTML5 标签是 HTML5 语言中最基本的单位。HTML5 标签是由尖括号包围的关键

词,如< html >。HTML5 标签分为单标签和双标签,单标签是由一个标签组成的,例如
< meta >、< img >、< input >、< br >、< link >等。HTML5 标签大多数为双标签,双标签由开
始标签和结束标签构成,开始标签的格式为<标签名称>,结束标签的格式为</标签名称>。
HTML5 双标签的语法格式如下。

```
<标签名称>内容</标签名称>
```

HTML5 标签的示例代码如下。

```
< p>今天是美好的一天</p>
```

2. HTML5 元素

HTML5 元素指的是从开始标签(Start Tag)到结束标签(End Tag)的所有代码。
HTML5 元素的语法格式如下。

```
<标签名称  属性名 1 = "值 1" 属性名 2 = "值 2" …>内容</标签名称>
```

HTML5 元素的示例代码如下。

```
< div  title = "sun">今天的阳光十分明媚</div>
```

大多数 HTML5 元素可以嵌套其他 HTML5 元素,示例代码如下。

```
< div >
    < p>大多数 HTML5 元素可以嵌套其他 HTML5 元素</p>
    < img src = "1.png" alt = "">
</div >
```

HTML5 文件便是由嵌套的 HTML5 元素构成的,整个 HTML5 文件就像是一个元素
集合,里面包含了许多元素。

1.3 Web 前端开发工具

常言道"工欲善其事,必先利其器",开发工具的使用是十分重要的,一个好的开发工具
能让开发者在开发过程中更加得心应手。HTML5 只是一个纯文本文件,创建一个
HTML5 文档,需要 Web 浏览器和 HTML5 编辑器这两类工具。Web 浏览器是用于打开
Web 网页文件,提供给用户查看 Web 资源的客户端程序。HTML5 编辑器是用于生成和保
存 HTML5 文档的应用程序。

1.3.1 浏览器

浏览器是网页的运行平台,是可以把 HTML5 文件展示在其中,供用户进行浏览的一
种软件。浏览器的作用主要是将网页渲染出来给用户查看,能够让用户通过浏览器与网页
交互。目前的主流浏览器包括 Chrome、Firefox、Safari、Opera、Edge 等,如图 1-5 所示。

图 1-5 主流浏览器

本书所使用的浏览器为 Chrome 浏览器。

1. 浏览器内核

浏览器内核就是浏览器所采用的渲染引擎，负责对网页语法进行解释并渲染网页。渲染引擎决定了浏览器如何显示网页的内容以及页面的格式信息。不同的浏览器内核对网页编写语法的解释会有所不同，因此同一网页在不同内核的浏览器里的渲染（显示）效果也可能不同。

2. 主流浏览器介绍

接下来将对各个主流浏览器 Chrome、Firefox、Safari、Opera 和 Edge 进行具体介绍，如表 1-3 所示。

表 1-3　主流浏览器介绍

浏览器	内核	说明
Chrome	Blink 内核	一款由 Google 公司开发的设计简单、高效的 Web 浏览器，采用 JavaScript 引擎，可快速运行复杂的大型网站，是目前最流行的浏览器
Firefox	Gecko 内核	Mozilla 公司出品的一款自由且开放源代码的 Web 浏览器，支持多种操作系统，如 Windows、macOS 及 GNU/Linux 等
Safari	WebKit 内核	苹果公司出品的应用于苹果计算机操作系统 macOS 中的浏览器，使用了 KDE（K 桌面环境）的 KHTML（HTML 网页排版引擎之一）作为浏览器的运算核心
Opera	Blink 内核	一款挪威 Opera Software ASA 公司制作的支持多页面标签式浏览的 Web 浏览器
Edge	Chromium 内核	由微软公司开发的基于 Chromium 开源项目及其他开源软件的网页浏览器。IE 浏览器退役后，其功能由 Edge 浏览器接棒，Edge 浏览器会保留 IE 模式，使其能够更好地兼容和进行其他方面的改进

1.3.2　VS Code 编辑器

网页编辑器是书写 HTML、CSS 等代码的工具。目前市场上主流的 Web 前端开发工具有 WebStorm、Visual Studio Code、Sublime Text、HBuilder、Dreamweaver 等。本书选用的开发工具是 Visual Studio Code（VS Code），版本为 1.74。

VS Code 是微软公司开发的一个轻量级代码编辑器，软件功能非常强大，界面简洁明晰，操作方便快捷，设计十分人性化。它支持常见的语法提示、代码高亮、Git 等功能，具有开源、免费、跨平台、插件扩展丰富、运行速度快、占用内存少、开发效率高等特点，网页开发中经常会使用到该软件，非常灵活方便。VS Code 的官方网页如图 1-6 所示。

由于 VS Code 编辑器的安装过程比较简单，在官网中下载完成 VS Code 编辑器的安装包之后，双击安装包，按照页面引导，单击下一步即可完成安装，此处不再详细介绍安装过程。接下来将讲解 VS Code 编辑器的使用。

1）文件目录管理

首先在计算机上创建一个用于存放前端代码的空文件夹，作为项目目录，可将其命名为 item。然后打开 VS Code 编辑器，在菜单栏中选择 File（文件）→Open Folder（打开文件夹）

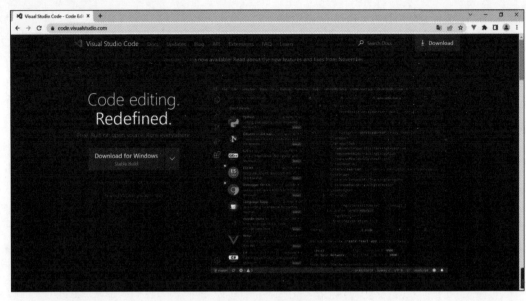

图 1-6　VS Code 的官方网页

命令,即可在 VS Code 编辑器中打开所选中的 item 空文件夹。随后便可在该文件夹中新建文件或文件夹。文件目录管理如图 1-7 所示。

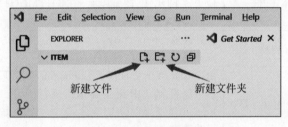

图 1-7　文件目录管理

2) 活动栏的功能

在默认设置下,VS Code 编辑器的左侧一栏被称为活动栏。活动栏包括 5 个主要部分,分别为资源管理器、搜索、源代码管理、运行和调试、插件,如图 1-8 所示。

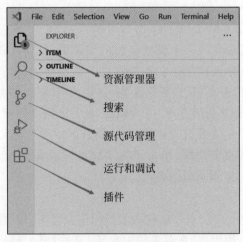

图 1-8　活动栏

活动栏中 5 个组件的功能如表 1-4 所示。

表 1-4　活动栏中 5 个组件的功能

组 件 名 称	说　　明
资源管理器	用于浏览以及管理文件和文件夹
搜索	用于在当前文件夹内进行跨文件的搜索
源代码管理	对当前文件夹下的代码进行版本管理,VS Code 编辑器支持的版本管理软件是 Git
运行和调试	启动或者调试当前文件夹下的项目
插件	管理 VS Code 编辑器里面的插件,可以进行安装、更新和卸载等操作

3) 安装插件

在 VS Code 编辑器中,安装插件能够极大地提升开发效率。安装插件的步骤为:首先单击图 1-8 活动栏中的“插件”,然后在搜索栏内输入所要安装的插件名称,最后在搜索结果中单击 Install 按钮,即可安装相应插件。安装插件的步骤如图 1-9 所示。

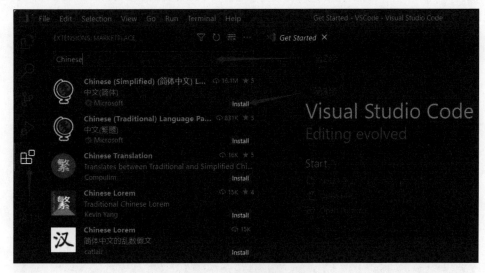

图 1-9　安装插件的步骤

在 VS Code 编辑器中,常用的插件如表 1-5 所示。

表 1-5　VS Code 编辑器中的常用插件

插　　件	作　　用
Chinese（Simplified）（简体中文）Language Pack for Visual Studio Code	中文简体语言包
Open in Browser	右键快速在浏览器中打开 HTML5 文件
Auto Rename Tag	自动完成另一侧标签的同步修改
Code Spell Checker	源代码拼写检查器,提示代码中单词拼写错误

1.3.3　运行第一个 HTML5 网页

1. 新建 HTML5 文件

首先在侧边栏中的 item 项目目录中新建一个空文件夹,将其命名为 chapter01,chapter01 文件夹的创建过程如图 1-10 所示。

Web 前端技术简介

图 1-10　chapter01 文件夹的创建过程

然后在 chapter01 空文件夹中新建一个 HTML5 文件,将其命名为 index.html,并在编辑栏内输入"!"(在英文状态下)。index.html 文件的创建过程如图 1-11 所示。

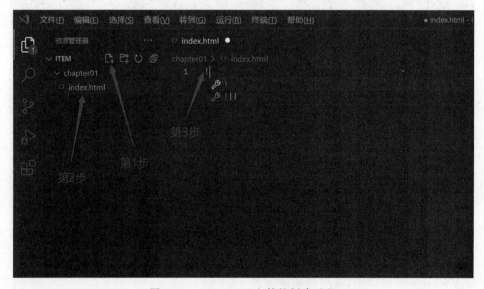

图 1-11　index.html 文件的创建过程

最后按下键盘上的 Tab 键,编辑器即可生成一个基础的 HTML5 文件,如图 1-12 所示。

2. 编辑 HTML5 文件

修改 index.html 文件的标题,将< title >标签内的 Document 修改为"第一个 HTML5 网页"。然后在< body >与</body >标签之间添加文本"读万卷书,行万里路。",编辑后的 index.html 文件如图 1-13 所示。

3. 运行 HTML5 文件

在菜单栏中选择"文件"→"保存"命令,即可保存编辑后的 HTML5 文件。在编辑栏中右击,并在弹出的快捷菜单中选择 Open In Default Browser(默认浏览器打开)命令,默认浏览器选择 Google Chrome,即可在 Chrome 浏览器中生成网页,第一个 HTML5 文件页面的效果如图 1-14 所示。

至此,第一个网页便运行成功了。

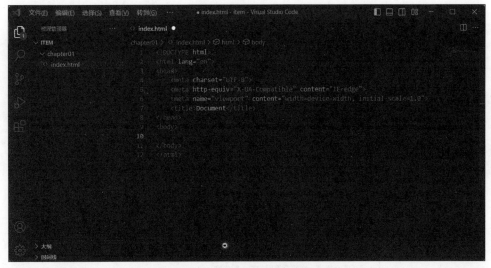

图 1-12　生成基础的 HTML5 文件

图 1-13　编辑后的 index. html 文件

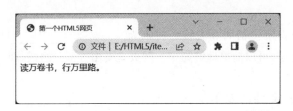

图 1-14　第一个 HTML5 文件页面的效果

4. 拓展演练

如果想要改变<title>标签和<body>标签中的内容,内容改变后重新保存页面并刷新浏览器进行预览,实现改变< title >标签和< body >标签中的内容的具体代码如例 1-2 所示。

【例 1-2】 梦江南。

```
1   <! DOCTYPE html >
2   < html lang = "en">
3   < head >
4       < meta charset = "UTF - 8">
5       <title>梦江南</title>
6   </head >
7   < body >
8       山月不知心里事,水风空落眼前花,摇曳碧云斜。
9   </body >
10  </html >
```

运行上述代码,梦江南的运行效果如图 1-15 所示。

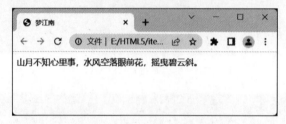

图 1-15　梦江南的运行效果

1.4　本 章 小 结

本章带领读者初步了解了 Web 前端技术和相关行业信息,介绍了 W3C 和 Web 标准、HTML5 入门的相关知识,以及浏览器的相关知识。接着讲解了 VS Code 编辑器的使用,以及运行第一个 HTML5 网页的操作步骤。希望通过对本章内容的分析和讲解,读者能够对 Web 前端的发展与特性有初步了解,掌握 HTML5 的基本文件结构、标签和元素的概念,熟悉 VS Code 编辑器的使用,能快速编写出一个简单的程序,为学习 Web 开发奠定基础。

1.5　习　　题

1. 填空题

(1) Web 前端开发所包括的 3 大核心技术为_____、_____、JavaScript 语言。

(2) 根据 W3C 标准,可以简单理解为一个网页主要由 3 部分组成,即_____、_____、_____。

(3) 一个 HTML 文件的基本结构主要由_____、_____、_____和文件主体(< body >)4 部分构成。

(4) 浏览器内核就是浏览器所采用的_____。

2. 选择题

(1) 下列选项中,不属于网站开发四大职位的是(　　)。

　　A. Web 前端开发工程师　　　　　　　　B. 数据库开发工程师

　　C. 测试开发工程师　　　　　　　　　　D. Web 后端开发工程师

(2) 下面不属于 HTML 基本结构的是(　　)。

    A.＜meta＞   B.＜head＞   C.＜body＞   D.＜html＞

(3) 下面用来定义文档标题的标签是(　　)。

    A.＜style＞   B.＜link＞   C.＜script＞   D.＜title＞

(4) 下面不属于前端 3 大核心技术的是(　　)。

    A. HTML   B. CSS   C. JavaScript   D. Vue

3. 思考题

(1) 简述 Web 标准的重要性。

(2) 简述 HTML5 标签与 HTML5 元素之间的关系。

第 2 章　HTML5 标签详解

学习目标

- 了解 HTML5 语义化。
- 掌握 HTML5 常用标签的基本使用。
- 掌握感恩母亲节实例的实现方式。

本章重点介绍如何使用 HTML5 标签对网页中的信息进行控制。标签是构建 HTML5 网页的重要元素,而了解并正确使用标签则是重中之重。HTML5 网页常用的标签有段落标签、超链接标签、图片标签、列表标签、元素块等。段落标签用于显示网页中的文本内容,超链接标签可以实现网页之间的跳转,图片标签可在网页中嵌入图片,列表标签可用于制作网页中比较美观的导航、整齐规范的新闻列表,元素块可对网页内容进行分类、分组处理,用于设计网页的布局。

2.1　HTML5 语义化

HTML5 语义化指的是根据网页中内容的结构,选择适合的 HTML5 标签进行内容编写。HTML5 语义化的意义主要有以下 4 点。

(1) 在没有 CSS3 的情况下,页面也能呈现出很好的内容结构和代码结构。

(2) 有利于 SEO(搜索引擎优化),让搜索引擎爬虫更好地理解网页,从而获取更多的有效信息,提升网页的权重。

(3) 方便其他设备解析(如屏幕阅读器、盲人阅读器、移动设备)以语义的方式来渲染网页。

(4) 便于团队开发和维护,语义化的 HTML 可以让开发者更容易看明白,从而提高团队的效率和协调能力。

所有 HTML5 标签都具备语义化,根据网页展示的内容结构,选择正确的 HTML5 标签进行解析与编码。

注:SEO 是指在了解搜索引擎自然排名机制的基础之上,对网站进行内部及外部的调整优化,改进网站在搜索引擎中关键词的自然排名,获得更多的展现量,吸引更多目标客户访问网站,从而达到互联网营销及品牌建设的目的。

2.2　HTML5 的常用标签

HTML5 的标签非常多,有些标签由于历史问题已经废弃,有些标签则属于 HTML5 新增加的。HTML5 新增的标签将在第 7 章中进行讲解,而本章主要讲解 HTML5 中一些常用的标签。

2.2.1 标题标签

标题是由<h1>、<h2>、<h3>、<h4>、<h5>、<h6>标签定义的,<h1>定义最大字号的标题,依次递减至<h6>,<h6>定义最小字号的标题,浏览器会自动在标题的前后添加空行。

1. 标题标签的作用

标题能够体现文档结构,搜索引擎通过标题能为网页的结构和内容编制索引,有利于网页搜索引擎的优化,用户也可以通过标题来快速浏览网页。

2. 语法格式

标题标签的语法格式如下。

```
<h1>标题文字</h1>
```

3. 演示说明

依次输出<h1>至<h6>标题标签,以便更好地看出它们之间的差别,代码如例2-1所示。

【例2-1】 标题标签。

```
1   <! DOCTYPE html >
2   < html lang = "en">
3   < head >
4       < meta charset = "UTF - 8">
5       <title>标题标签</title>
6   </ head >
7   < body >
8       < h1 >天净沙·秋思</ h1 >
9       < h2 >枯藤老树昏鸦,</ h2 >
10      < h3 >小桥流水人家,</ h3 >
11      < h4 >古道西风瘦马。</ h4 >
12      < h5 >夕阳西下,</ h5 >
13      < h6 >断肠人在天涯。</ h6 >
14  </ body >
15  </ html >
```

标题标签的运行效果如图2-1所示。

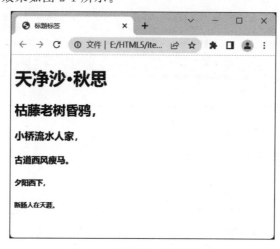

图2-1 标题标签的运行效果

从图 2-1 中可以看出,在默认情况下标题文字的显示方式是加粗且左对齐,并且从＜h1＞至＜h6＞标签字号为依次递减。通常情况下,一个页面只能有一个＜h1＞标签,而＜h2＞至＜h6＞标签在页面中可以有多个。

2.2.2 段落标签

段落是通过＜p＞标签来定义的,用于在网页中将文本内容有条理地显示出来。

1. 语法格式

段落标签的语法格式如下。

```
<p>段落文字</p>
```

2. 演示说明

在＜p＞标签中输入文本内容,代码如例 2-2 所示。

【例 2-2】 段落标签。

```
1  <!DOCTYPE html>
2  < html lang = "en">
3  < head >
4      < meta charset = "UTF - 8">
5      <title>段落标签</title>
6  </head >
7  < body >
8      < h2 >唐诗</h2>
9      <p>唐诗,泛指创作于唐朝诗人的诗,为唐代儒客文人之智慧佳作……参考意义。</p>
10     <p>唐诗的形式是多种多样的……之不同。</p>
11     <p>唐诗的形式和风格是……还创造了风格特别优美整齐的近体诗。</p>
12 </body >
13 </html>
```

段落标签的运行效果如图 2-2 所示。

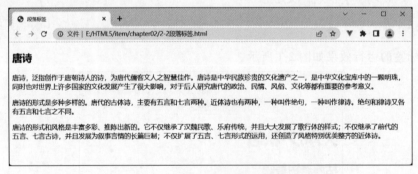

图 2-2　段落标签的运行效果

2.2.3 换行标签

＜br＞换行标签可在文本中生成一个换行(回车)符号,它是一个空元素,也是一个单标签,其内不可携带内容。在 HTML5 中,归属于同一段落的文字会从左到右依次进行排列,直至浏览器窗口的最右端,才会自动进行换行。若想要将某段文字进行强制换行显示,则需要使用＜br＞换行标签。

1. 语法格式

换行标签的语法格式如下。

```
< p >内容< br >内容</p>
```

2. 演示说明

在网页中输入一段唐诗的基本形式,并在每句后添加换行标签,查看实现的效果,代码如例 2-3 所示。

【例 2-3】 换行标签。

```
1  <!DOCTYPE html >
2  < html lang = "en">
3  < head >
4      < meta charset = "UTF - 8">
5      < title >换行标签</title>
6  </head >
7  < body >
8      < p >
9          唐诗的基本形式有以下六种:< br >1.五言古体诗< br >2.七言古体诗< br >3.五言绝句< br >4.七言绝句< br >5.五言律诗< br >6.七言律诗
10     </p>
11 </body >
12 </html >
```

换行标签的运行效果如图 2-3 所示。

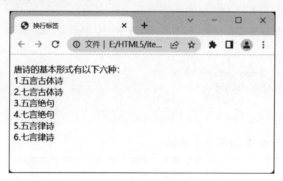

图 2-3　换行标签的运行效果

2.2.4　水平线标签

水平线是由< hr >标签定义的,在 HTML 文件中使用< hr >标签创建横跨网页的水平线,将段落与段落之间分隔开,使文档结构更加层次分明。

1. 语法格式

< hr >水平线标签是一个单标签,一般添加在两个段落之间,可以是一个单独的< hr >标签,也可以加入它所支持的一些属性,实现更加美观的设计效果。水平线标签的语法格式如下。

```
< hr align = "对齐方式" color = "颜色值" size = "粗细值" width = "宽度值">
```

2. 常用属性

< hr >水平线标签常用属性及其说明如表 2-1 所示。

表 2-1　水平线标签常用属性及其说明

属　　性	说　　明
align	设置水平线对齐方式,属性值有 center(居中对齐,默认值)、left(左对齐)、right(右对齐)
color	设置水平线颜色,属性值可以是颜色的英文单词、十六进制值或 RGB 值
size	设置水平线粗细,属性值为数值,以像素(px)为单位,默认值为 2px
width	设置水平线宽度,属性值为像素值或浏览器窗口的百分比(默认为 100%)

3. 演示说明

在网页中输入 3 段文字,并在< h2 >标签与段落标签后添加水平线标签,查看实现效果,代码如例 2-4 所示。

【例 2-4】　水平线标签。

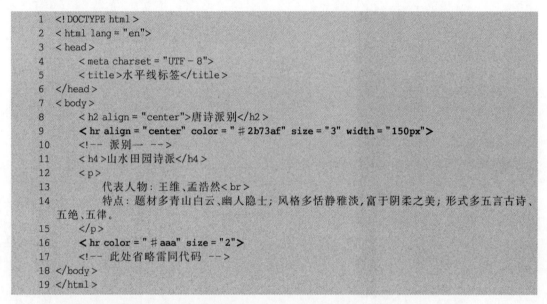

```
1   <!DOCTYPE html>
2   < html lang = "en">
3   < head >
4       < meta charset = "UTF - 8">
5       < title >水平线标签</title>
6   </head>
7   < body >
8       < h2 align = "center">唐诗派别</h2>
9       < hr align = "center" color = "♯2b73af" size = "3" width = "150px">
10      <!-- 派别一 -->
11      < h4 >山水田园诗派</h4>
12      < p >
13          代表人物:王维、孟浩然< br >
14          特点:题材多青山白云、幽人隐士;风格多恬静雅淡,富于阴柔之美;形式多五言古诗、
        五绝、五律。
15      </p>
16      < hr color = "♯aaa" size = "2">
17      <!-- 此处省略雷同代码 -->
18  </body>
19  </html>
```

水平线标签的运行效果如图 2-4 所示。

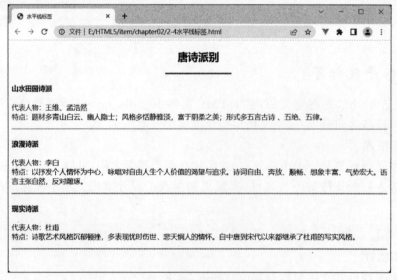

图 2-4　水平线标签的运行效果

2.2.5 文本格式化标签

文本格式化标签是针对文本进行各种格式化的标签,如加粗、斜体、上标、下标等,文本格式化标签及其说明如表 2-2 所示。

表 2-2 文本格式化标签及其说明

标 签	说 明
<em>	呈现为被强调的文本,显示效果为斜体
<i>	其显示效果为斜体,与<em>效果完全相同,但不具备语义化强调的作用
<strong>	加粗标签,定义重要的文本,显示效果为加粗
<b>	显示效果为加粗,与<strong>的效果完全相同,但不具备语义化强调的作用
<del>	定义文档中已删除的文本,添加删除线
<ins>	定义已经被插入文档中的文本,添加下画线
<sup>	定义上标文本
<sub>	定义下标文本
<blockquote>	定义块引用,一般嵌套<p>标签,用于标记被引用的文本,会在左、右两边进行缩进(增加外边距)
<q>	用于简短的行内引用,文本会被添加双引号("")
<cite>	表示所包含的文本对某个参考文献的引用,如书籍或者杂志的标题,显示效果为斜体

使用上述文本格式化标签定义文本,展示其样式效果,具体代码如例 2-5 所示。

【例 2-5】 文本格式化标签。

```
1  <!DOCTYPE html>
2  <html lang = "en">
3  <head>
4      <title>文本格式化标签</title>
5  </head>
6  <body>
7      <em>em 元素效果</em><br>
8      <i>i 元素效果</i><br>
9      <strong>strong 元素效果</strong><br>
10     <b>b 元素效果</b><br>
11     <del>del 元素效果</del><br>
12     <ins>ins 元素效果</ins><br>
13     <p>4 的平方: 4<sup>2</sup></p>
14     <p>CO<sub>2</sub></p>
15     <p>块引用: <blockquote>会当凌绝顶,一览众山小。</blockquote></p>
16     <p>短引用: <q>无边落木萧萧下,不尽长江滚滚来。</q></p>
17     <cite>—— 杜甫(唐代)</cite>
18 </body>
19 </html>
```

文本格式化标签的运行效果如图 2-5 所示。

24

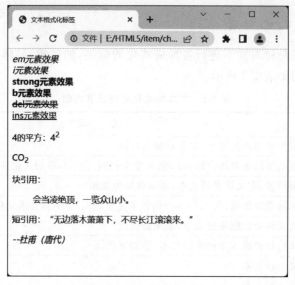

图 2-5　文本格式化标签的运行效果

2.2.6　特殊字符

在编写一些网页中的文本时,经常会遇到输入法无法输入的字符,如®(注册标志)、©(版权标志)等,以及当需要在一段文字中加入多个空格时,页面并不会解析出多个空格。这些无法输入的字符都属于特殊字符。常用的特殊字符如表 2-3 所示。

表 2-3　常用的特殊字符

字　　符	代　　码	说　　明
		空格
&	&amp;	与
>	&gt;	大于
<	&lt;	小于
≥	&ge;	大于或等于
≠	&ne;	不等于
≤	&le;	小于或等于
×	&times;	乘号
÷	&divide;	除号
±	&plusmn;	加减(正负)
2	&sup2;	上标 2
→	&rarr;	右箭头
↓	&darr;	下箭头
↔	&harr;	左右箭头
¥	&yen;	人民币
©	&copy;	版权标志
®	&reg;	注册标志
TM	&trade;	商标标志

演示说明

在网页中使用上述特殊字符,展示其样式效果,具体代码如例 2-6 所示。

【**例 2-6**】 特殊字符。

```
1  <!DOCTYPE html>
2  < html lang = "en">
3  < head >
4      <title>特殊字符</title>
5  </head>
6  < body >
7      <p>" 空格"、"&amp;与"、"&gt;大于"、"&lt;小于"</p>
8      <p>"&ge;大于或等于"、"&ne;不等于"、"&le;小于或等于"</p>
9      <p>"&times;乘号"、"&divide;除号"、"&plusmn;加减"、"&sup2;上标 2"</p>
10     <p>"&rarr;右箭头"、"&darr;下箭头"、"&harr;左右箭头"</p>
11     <p>"&yen;人民币"、"&copy;版权标志"、"&reg;注册标志"、"&trade;商标标志"</p>
12 </body>
13 </html>
```

特殊字符的运行效果如图 2-6 所示。

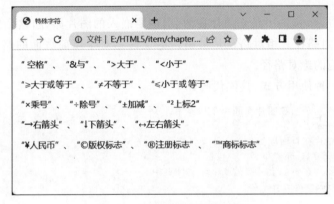

图 2-6　特殊字符的运行效果

2.2.7　图片标签

在 HTML 中图片是由<img>标签定义的,图片标签属于单标签,没有闭合标签,并且是一个空元素,只包含属性,不包含文本内容。图片标签表示向网页中嵌入一张图片,创建的是引用图片的占位空间。

1. 图片格式

在网页中加载图片时,如果图片太大则会导致网页加载速度变慢,而图片太小则会导致显示不清晰,因此在网页中选择合适的图片格式进行加载显得尤为重要。常用的图片格式主要有 JPG、PNG 和 GIF 这 3 种。

1) JPG 格式

JPG 格式的图片是一种有损压缩的图片格式,即每次修改图片都会造成一些图片数据的丢失。JPG 是特别为照片类型的图片设计的文件格式,可以很好地处理具有大面积色调的图片,一般在网页中用来展示色彩丰富的图片。

2）PNG 格式

PNG 格式的图片相对于 JPG、GIF 格式而言,其最大的优点是体积小,支持 alpha 透明(全透明、半透明、全不透明),可以很好地处理透明类型的图片,如网页中的 logo 图片可以在不同的背景底色下完美展现。但是 PNG 格式的图片是不支持动画的。

3）GIF 格式

GIF 格式的图片最重要的特点是支持动画,可以很好地处理具有动画效果的图片,如网页中的广告图片。同时 GIF 是一种无损的图片格式,修改图片几乎不会造成图片数据的丢失。并且 GIF 格式的图片也支持透明(全透明和全不透明),因此很适合在网页中使用。但是 GIF 格式的图片只能处理 256 种颜色,在网页制作中,常用于 logo、小图标及其他色彩相对单一的图片。

2. 语法格式

图片标签的语法格式如下。

```
< img src = "图片文件地址" alt = "提示文本">
```

3. 标签属性

1）src 属性

src 属性在<img>标签中是必须存在的,引用要嵌入的图片路径,这个路径可以是相对路径,也可以是绝对路径。相对路径是被引入的文件相对于当前页面的路径;绝对路径是文件在网络或本地的绝对路径。

相对路径有 3 种使用方式,具体代码如下。

```
<!-- 第 1 种: 当前页面和图片在同一个目录下   -->
< img src = "1.jpg"/>
<!-- 第 2 种: 图片在页面同级的 image 文件夹中   -->
< img src = "image/li.png"/>
<!-- 第 3 种: 图片在页面上一级的 image 文件夹中   -->
< img src = "../image/hu.jpg"/>
```

绝对路径有 2 种使用方式,具体代码如下。

```
<!-- 第 1 种: 图片在本地 D 盘的相应文件下   -->
< img src = "file:///D:/images/tu.png"/>
<!-- 第 2 种: 图片在网络中的相应文件下   -->
< img src =
"http://www.mobiletrain.org//images/index/qianfeng.jpg"/>
```

2）alt 属性

alt 为文本提示属性,用户可以为图片定义一串预备的、可替换的文本,它的值是对图片进行描述的文字,用于图片无法显示或不能被用户看到的情况。若图片正常显示,则看不到任何效果;若图片无法显示或不能被用户看到,则显示提示文本。当图片仅用于装饰网页,而不作为主体重点内容的一部分时,可以写一个空的 alt(alt = ""),这是一个较佳的处理方法。

3）title 属性

title 属性是鼠标移动到图片上时显示的提示文字。设置 title 属性后,若鼠标移动到图片上,则会显示出 title 中的提示信息。

4) width 属性和 height 属性

width 属性为宽度属性，height 属性为高度属性，可分别用于设置图片的宽度和高度，属性值的常用单位为像素（px）。

4. 演示说明

在网页中嵌入一张中国古建筑的图片，具体代码如例 2-7 所示。

【例 2-7】 图片标签。

```
1   <!DOCTYPE html>
2   <html lang = "en">
3   <head>
4       <title>图片标签</title>
5   </head>
6   <body>
7       <!-- 嵌入图片,并添加 title 和 alt 属性的属性值,以及设置宽高 -->
8       <img src = "../images/building.png" title = "中国古建筑" alt = "图片不存在或图片路径
    错误" width = "400" height = "250">
9   </body>
10  </html>
```

当图片正常显示时，运行效果如图 2-7 所示。

图 2-7　当图片正常显示时的运行效果

当图片无法显示时，一般有两种情况出现。

- 第 1 种情况为图片不存在，导致其出现的因素可能是图片名称拼写错误，示例代码如下。

```
<img src = "../images/build.png" title = "中国古建筑" alt = "图片不存在或图片路径错误" width =
"400" height = "250">
```

- 第 2 种情况为图片路径错误，导致其出现的因素可能是图片路径漏写，示例代码如下。

```
<img src = "building.png" title = "中国古建筑" alt = "图片不存在或图片路径错误" width =
"400" height = "250">
```

因图片不存在或图片路径错误而导致图片无法显示时，运行效果如图 2-8 所示。

图 2-8　当图片无法显示时的运行效果

2.2.8　超链接标签

超链接标签可以通过 href 属性创建通向其他网页、文件、同一页面内的位置、电子邮件地址或任何其他 URL 的超链接(Uniform Resource Locator,URL)。超链接就是统一资源定位器,表达形式为<a>。它的效果是单击网页上的某个链接,会自动跳转到另外一个链接。

1. 语法格式

超链接标签的语法格式如下。

```
<a href="目标URL"　target="目标窗口">内容</a>
```

2. 标签属性

href(Hypertext Reference,目标链接地址)用于指向链接的目标。

target 指打开新窗口的方式,主要有以下 4 种方式。

第 1 种: _self——在同一个窗口中打开(默认值)。

第 2 种: _blank——新建一个窗口打开。

第 3 种: _parent——在父窗口中打开。

第 4 种: _top——在浏览器整个窗口中打开。

3. 超链接功能的分类

1) 外部链接

超链接可实现网页跳转功能,href 属性值为目标链接地址。示例代码如下。

```
<a href="https://www.tmall.com/" target="_self">天猫</a>
```

2) 内部链接

内部链接是网站内部页面之间的相互链接,直接链接内部页面名称即可。示例代码如下。

```
<a href="active.html>活动页</a>
```

3) 功能链接

超链接可以创建邮件链接、电话链接等功能链接,邮件链接是使用 mailto 链接将用户的电子邮件程序打开,发送新邮件。电话链接是使用 tel 链接查看连接到手机的网络文档和笔记本电脑。示例代码如下。

```
<a href="mailto:abcde@qq.com">发送邮件</a>
<a href="tel:+123456">+123456</a>
```

4) 下载链接

在超链接中,如果 href 属性里的目标链接地址是一个文件或者压缩包,并添加 download

属性,则会下载该文件,实现下载功能。示例代码如下。

```
<a href = "./images/1.jpg" download>图片</a>
```

5）锚点链接

锚点链接具有锚点功能,href 属性值为锚点 id,单击锚点可跳转至对应 id 的元素所在位置,可以是在同一个网页内,也可以是在其他网页内。示例代码如下。

```
<a href = "#index">首页</a>
<a id = "index">首页</a>
<p>内容概要……</p>
```

6）回到顶部

当 href 属性值为"#"时,可实现跳转返回到顶部的功能。示例代码如下。

```
<a href = "#index">首页</a>
<a id = "index">首页</a>
<p>内容概要……</p>
<a href = "#">回到顶部</a>
```

4. 超链接伪类

超链接有 4 种常用的伪类,分别是 link、visited、hover 和 active,它们是一种动态伪类标签,使用冒号(:)可以表示 4 种不同的状态,其说明如表 2-4 所示。

表 2-4　超链接伪类及其说明

名　称	说　明
:link	表示超链接单击之前
:visited	表示超链接单击之后
:hover	表示光标悬浮在某个标签上时
:active	表示单击某个标签没有释放鼠标时

伪类标签使用的状态顺序为 link、visited、hover、active。值得注意的是,静态伪类只能使用 link 和 visited 两个状态,并且只能用于超链接。

5. 演示说明

使用超链接的多种功能,如锚点功能、网页跳转功能、回到顶部功能等,制作一个"科普端午节"网页。具体代码如例 2-8 所示。

【例 2-8】科普端午节。

```
1   <!DOCTYPE html>
2   <html lang = "en">
3   <head>
4       <title>科普端午节</title>
5   </head>
6   <body>
7       <h3>科普端午节</h3>
8       <p>
9           <!-- 锚点链接 -->
10          <a href = "#definition">1.端午节的定义</a><br>
11          <a href = "#origin">2.端午节的由来</a><br>
12          <a href = "#mores">3.端午节的习俗</a><br>
13      </p>
```

```
14        <!-- 1.锚点 id -->
15        <p><a id="definition">1.端午节的定义</a></p>
16        <p>
17            端午节,又称端阳节、龙舟节、重五节、天中节等,日期为每年农历五月初五,是集拜神祭祖、祈
          福辟邪、欢庆娱乐和饮食为一体的民俗大节。端午节源于自然天象崇拜,由上古时代祭龙演变而来。
18        </p>
19        <!-- 此处省略雷同代码 -->
20        <a href="#">回到顶部</a>
21        <!-- 2.锚点 id -->
22        <p><a id="origin">2.端午节的由来</a></p>
23        <p>
24            关于端午节的由来,说法甚多,诸如:纪念屈原说;纪念伍子胥说;纪念曹娥说;起于
          三代夏至节说;恶月恶日驱避说;吴月民族图腾祭说等。
25        </p>
26        <!-- 此处省略雷同代码 -->
27        <a href="#">回到顶部</a>
28        <!-- 3.锚点 id -->
29        <p><a id="mores">3.端午节的习俗</a></p>
30        <p>
31            端午节在历史发展演变中杂糅了多种民俗,端午的习俗甚多,形式多样,内容丰富多彩,
          热闹喜庆。全国各地因地域文化不同而又存在着习俗内容或细节上的差异。
32        </p>
33        <!-- 此处省略雷同代码 -->
34        <a href="#">回到顶部</a>
35        <!-- 外部链接,跳转功能 -->
36        <p>更多详情可以<a href="https://www.baidu.com/" target="_blank">百度一下</a>
      </p>
37 </body>
38 </html>
```

使用超链接的多种功能制作一个"科普端午节"网页,其运行效果如图 2-9 所示。

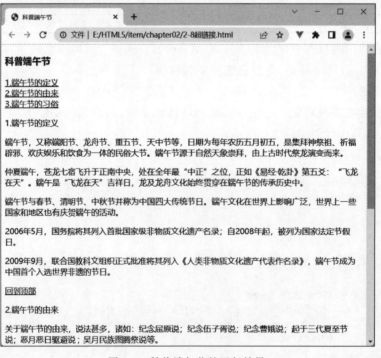

图 2-9 科普端午节的运行效果

2.2.9 列表标签

列表是网页中一种常用的数据排列方式,在网页中到处都可以看到列表的身影。列表指的是容器里面装载着结构、样式一致的文字或图表的一种形式。列表可分为有序列表、无序列表和自定义列表 3 种类型,它最大的特点就是整齐、规范、有序。

1. 有序列表

有序列表(ordered-list)是具有排列顺序的列表,其各个列表项按照一定的顺序排列。

1) 语法格式

有序列表使用<ol>标签定义,包含一个或多个<li>列表项目,其语法格式如下。

```
<ol>
    <li>列表项目 1 </li>
    …
    <li>列表项目 n </li>
</ol>
```

2) 标签属性

<ol>有序列表标签的常用属性及其说明如表 2-5 所示。

表 2-5　有序列表标签的常用属性及其说明

属　性	说　明
type	定义列表中使用的标记类型,属性值有 1(默认值)、A、a、I、i
start	定义有序列表的起始值,属性值为数值,表示自第 N 个数开始
reversed	定义有序列表顺序为降序

3) 演示说明

利用有序列表将诗句按降序排列显示,具体代码如例 2-9 所示。

【例 2-9】　有序列表。

```
1   <!DOCTYPE html>
2   <html lang = "en">
3   <head>
4       <meta charset = "UTF-8">
5       <title>有序列表</title>
6   </head>
7   <body>
8       <h3>春夜喜雨</h3>
9       <!-- 有序列表将诗句从第 4 个开始,降序排列 -->
10      <ol type = "I" start = "4" reversed>
11          <li>好雨知时节,当春乃发生。</li>
12          <li>随风潜入夜,润物细无声。</li>
13          <li>野径云俱黑,江船火独明。</li>
14          <li>晓看红湿处,花重锦官城。</li>
15      </ol>
16  </body>
17  </html>
```

有序列表的运行效果如图 2-10 所示。

2. 无序列表

无序列表(unordered-list)的各个列表项之间没有顺序级别之分,各个列表项是并列关系。

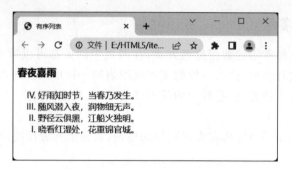

图 2-10　有序列表的运行效果

1) 语法格式

无序列表使用< ul >标签定义,包含一个或多个< li >列表项,其语法格式如下。

```
< ul >
    <li>列表项目 1 </li>
    …
    <li>列表项目 n </li>
</ul>
```

2) type 属性

< ul >无序列表标签通常使用 type 属性修改其显示效果,type 属性的取值如表 2-6 所示。

表 2-6　type 属性的取值

属 性 取 值	显 示 效 果
disc(默认值)	实心小黑圆点
circle	空心小圆点
square	实心小黑方块

3) 演示说明

利用无序列表列举本章学习目标,代码如例 2-10 所示。

【例 2-10】　无序列表。

```
1    <!DOCTYPE html >
2    < html lang = "en">
3    < head >
4        <title>无序列表</title>
5    </head >
6    < body >
7        <p>HTML 语义化的意义
8        </p>
9        <!-- 设置无序列表的项目列表标记为空心小圆点 -->
10       < ul type = "circle">
11           <li>在没有 CSS 的情况下,页面也能呈现出很好的内容结构、代码结构</li>
12           <li>有利于 SEO,让搜索引擎爬虫更好地理解网页,从而获取更多的有效信息,提升网
     页的权重</li>
13           <li>便于其他设备解析(如屏幕阅读器、盲人阅读器、移动设备)以语义的方式来渲染
     网页</li>
14           <li>便于团队开发和维护,语义化的 HTML 可以让开发者更容易看明白,从而提高团队
     的效率和协调能力</li>
```

```
15      </ul>
16  </body>
17  </html>
```

无序列表的运行效果如图 2-11 所示。

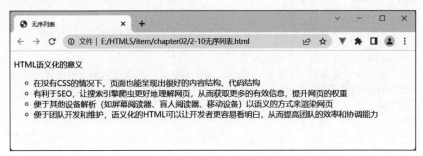

图 2-11 无序列表的运行效果

3. 自定义列表

自定义列表(definition-list)常用于对术语或名词进行解释和描述,列表项的前面没有任何项目符号。

1)语法格式

自定义列表使用<dl>标签定义,列表中并列嵌套<dt>标签和<dd>标签,<dt>标签用于定义名词,<dd>标签用于定义名词的解释和描述。一对<dt></dt>可以对应多对<dd></dd>,即一个名词可有多个解释和描述。

自定义列表的语法格式如下。

```
<dl>
    <dt>名词1</dt>
    <dd>名词1描述一</dd>
    <dd>名词1描述二</dd>
    <dt>名词2</dt>
    <dd>名词2描述一</dd>
    <dd>名词2描述二</dd>
</dl>
```

2)演示说明

使用自定义列表对 3 种列表的名词进行解释和描述,代码如例 2-11 所示。

【例 2-11】 自定义列表。

```
1   <!DOCTYPE html>
2   <html lang = "en">
3   <head>
4       <meta charset = "UTF-8">
5       <meta http-equiv = "X-UA-Compatible" content = "IE = edge">
6       <meta name = "viewport" content = "width = device-width, initial-scale = 1.0">
7       <title>自定义列表</title>
8   </head>
9   <body>
10      <h3>3 种列表的名词解释</h3>
11      <!-- <dl>标签定义自定义列表 -->
12      <dl>
```

```
13          <!-- 在<dt>标签里定义名词 -->
14          <dt>有序列表：</dt>
15          <!-- 在<dd>标签里对名词进行解释和描述 -->
16          <dd>有序列表(ordered-list)是具有排列顺序的列表,其各个列表项按照一定的顺
     序排列。</dd>
17          <dt>无序列表：</dt>
18          <dd>无序列表(unordered-list)的各个列表项之间没有顺序级别之分,各个列表项
     是并列关系。</dd>
19          <dt>自定义列表：</dt>
20          <dd>自定义列表(definition-list)常用于对术语或名词进行解释和描述,列表项的
     前面没有任何项目符号。</dd>
21      </dl>
22  </body>
23  </html>
```

自定义列表的运行效果如图 2-12 所示。

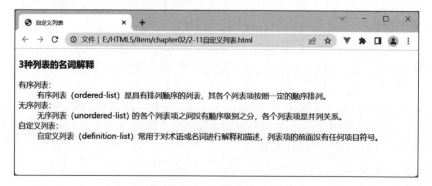

图 2-12 自定义列表的运行效果

2.2.10 <div>与<span>

1. <div>标签

div 全称为 division,具有"分割、分区"的意思。<div>标签被称为<div>元素块或内容划分元素,是一个块级元素,在 HTML 中独占一行,可以设置宽度和高度,支持所有全局属性。

<div>标签用来划分一个区域,相当于一块区域容器,可以容纳段落、标题、表格、图片等各种网页元素。即 HTML 中大多数的标签都可以嵌套在<div>标签中。在<div>标签中,还可以嵌套多层<div>标签,可以将网页分割成独立的、不同的部分,从而实现网页的规划和布局。<div>标签作为一个"纯粹的"容器,它在语义上不表示任何特定类型的内容,可以使用 class 或 id 属性便捷地定义内容的格式,将内容进行分组。

在网页中添加 3 个<div>标签,查看其实现效果,具体代码如例 2-12 所示。

【例 2-12】 div 元素。

```
1  <!DOCTYPE html>
2  <html lang="en">
3  <head>
4      <title>div 元素</title>
5  </head>
```

```
6   < body >
7       < div >区域一</ div >
8       < div >区域二</ div >
9       < div >区域三</ div >
10  </ body >
11  </ html >
```

在网页中添加 3 个< div >标签,其运行效果如图 2-13 所示。

图 2-13　div 元素的运行效果

2. < span >标签

< span >标签也称为内联元素或行内元素,可用来修饰文字。< span >标签在行内定义一个区域,也就是一行内可以被< span >标签划分成好几个区域,从而实现某种特定的行内效果。< span >标签本身是没有任何属性的。

在网页中添加 3 个< span >标签,再添加 1 个< div >标签嵌套< span >标签,查看其实现效果,具体代码如例 2-13 所示。

【例 2-13】 span 元素。

```
1   <! DOCTYPE html >
2   < html lang = "en">
3   < head >
4       < title > span 元素</title>
5   </ head >
6   < body >
7       < span >文字修饰 1 </ span >
8       < span >文字修饰 2 </ span >
9       < span >文字修饰 3 </ span >
10      < div >
11          < span >文字修饰 4 </ span >
12      </ div >
13  </ body >
14  </ html >
```

在网页中添加 3 个< span >标签,再添加 1 个< div >标签嵌套< span >标签,其运行效果如图 2-14 所示。

图 2-14　span 元素的运行效果

HTML5 标签详解

3. 特点

＜span＞标签在 CSS 定义中属于一个行内元素，而＜div＞是块级元素，可以通俗地理解为＜div＞为"大容器"，"大容器"内可以放"小容器"，而＜span＞就属于"小容器"。

HTML 元素大体可分为 3 大类，分别为元素块、内联元素和内联元素块。

元素块的特点是可以自定义宽度和高度，并独占一行，自上而下排列，还可以作为一个容器包含其他的元素块或内联元素。常见的元素块有＜div＞、＜p＞、＜h1＞、＜ul＞、＜table＞、＜form＞、＜hr＞等。

内联元素也称为行内元素，它的特点是不可以自定义宽度和高度，不独占一行，多个行内元素可在一行中逐个进行显示。内联元素设置与高度相关的一些属性，如 margin-top、margin-bottom、padding-top、padding-bottom、line-height 等属性，会显示无效或显示不准确。常用的内联元素有＜span＞、＜a＞、＜label＞、＜em＞、＜strong＞等。

内联元素块也称为行内元素块，它的特点是可以自定义宽度和高度，可以和其他内联元素在一行显示，既具有内联元素的特点，也具有元素块的特点。常用的内联元素块有＜img＞、＜input＞、＜li＞、＜textarea＞等。

2.3　实例一：感恩母亲节

"百善孝为先"是中华民族传承几千年的优秀文化，母亲不仅象征着一个身份，更是母爱的艰辛和伟大的体现。母亲节是一个感谢母亲的节日，母亲们在这一天通常会收到礼物。

2.3.1　"感恩母亲节"页面结构简图

本实例主要展示一个关于"感恩母亲节"内容的页面效果，主要由＜h3＞标签、＜div＞标签、＜span＞标签、＜p＞标签、＜hr＞标签、＜br＞标签、＜img＞标签和＜a＞标签构成。"感恩母亲节"的页面结构简图如图 2-15 所示。

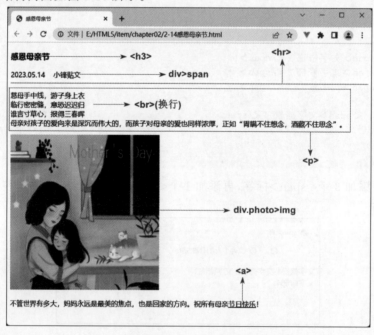

图 2-15　"感恩母亲节"的页面结构简图

2.3.2 实现"感恩母亲节"页面效果

新建一个 HTML5 文件,使用<div>、<p>、<img>等标签编写相关代码,具体代码如例 2-14 所示。

【例 2-14】 感恩母亲节。

```
1   <!DOCTYPE html>
2   <html lang = "en">
3   <head>
4       <title>感恩母亲节</title>
5   </head>
6   <body>
7       <h3>感恩母亲节</h3>
8       <div>
9           <span>2023.05.14    小锋贴文</span>
10      </div>
11      <hr align = "left" color = "#aaa">
12      <p>
13          慈母手中线,游子身上衣<br>
14          临行密密缝,意恐迟迟归<br>
15          谁言寸草心,报得三春晖<br>
16          母亲对孩子的爱向来是深沉而伟大的,而孩子对母亲的爱也同样浓厚,正如"胃瞒不住
        想念,酒藏不住思念"。
17      </p>
18      <div class = "photo">
19          <img src = "../images/mother.jpg" width = "350" height = "350" alt = "">
20      </div>
21      <p>不管世界有多大,妈妈永远是最美的焦点,也是回家的方向。祝所有母亲<a href =
        "https://www.baidu.com/" target = "_blank">节日快乐</a>!</p>
22  </body>
23  </html>
```

在上述代码中,首先添加标题和水平线,然后添加文本内容,并在文本内容下方的<div>元素块中嵌入 1 张图片,以达到美化页面的效果。最后在段末添加 1 个<a>标签作为超链接,单击该超链接可跳转至相应页面。

2.4 本 章 小 结

本章重点学习 HTML 常用标签的使用,文字、图片、超链接、列表等是网页中经常使用到的元素,因此掌握<p>、<img>、<a>、<ol>、<ul>、<div>等标签是十分重要的。希望通过对本章内容的分析和讲解,读者能够对 HTML 常用标签有进一步的了解,熟练使用 HTML 常用标签,能初步编写基本的 HTML 网页,提升代码编写能力,为后面的深入学习奠定基础。

2.5 习 题

1. 填空题

(1) 图片标签有_____和_____两种路径方式。

(2) 列表可分为_____、_____、_____ 3 种类型。

(3) target 属性有_____、_____、_____、_____ 4 种打开新窗口的方式。

(4) < span >标签也称为_____或_____。

2. 选择题

(1) 若想要将某段文字进行强制换行显示,则需要使用( )。

    A. < img >标签　　　　B. < hr >标签　　　　C. < a >标签　　　　D. < br >标签

(2) 下列不属于< a >标签的 4 种状态是( )。

    A. visited　　　　　　B. hover　　　　　　C. focus　　　　　　D. link

(3) 下列属于单标签的是( )。

    A. < img >　　　　　　B. < p >　　　　　　C. < div >　　　　　　D. < a >

(4) 下列不属于图片标签的属性是( )。

    A. href　　　　　　　B. title　　　　　　C. src　　　　　　D. alt

3. 思考题

(1) 简述块级元素、内联元素和内联元素块的特点。

(2) 简述 HTML5 语义化的意义。

第 3 章 | HTML5 表格与表单

学习目标

- 掌握表格标签的用法。
- 掌握天气情况表格统计实例的实现方式。
- 掌握表单标签的用法。
- 掌握图书库存信息录入表单实例的实现方式。

在一个网页中表格与表单的应用是十分常见的。表格是由行和列组成的结构化数据集（表格数据），用于呈现数据或统计信息，可以让数据的显示变得十分规整有条理，提高数据的可读性。表单作为用户与网页之间重要的交互工具，可用于收集用户的资料信息，如网页中的用户登录、注册页面，以及一些收集用户反馈信息的调查表。表单的出现使网页从单向的信息传递发展到能够与用户进行交互对话。本章将带领读者重点学习表格与表单的制作。

3.1 HTML5 表格

在生活中，经常使用表格来统计数据和信息，以便更清晰地显示数据或信息。同理，在制作网页时，为了有条理地显示网页中的元素，可以使用表格对网页进行布局和规划，为浏览者展示大量清晰的排列数据。表格在网页中的应用是极为广泛的。

3.1.1 表格的基本结构

<table>标签用于定义一个表格。<tr>标签用于定义表格中的行，可以有一行或多行，嵌套在<table>标签中。<td>标签用于定义表格中的单元格（列），一行里可以有一个或多个单元格（列），此标签需嵌套在<tr>标签中。

1. 基本语法格式

一个最基本的表格由<table>、<tr>和<td>这 3 个标签构成，其语法格式如下。

```
<table>
  <tr>
    <td>单元格内容 1</td>
    <td>单元格内容 2</td>
    ...
  </tr>
  ...
</table>
```

除了以上 3 个标签之外,常用的表格标签还有< caption >、< th >等。< caption >标签用于定义表格的标题,< caption >标签必须紧随< table >标签之后,且每个表格只能定义一个标题,通常这个标题会被居中显示于表格之上。< th >标签用于定义表格内的表头单元格,需要在< tr >标签内部使用。

< th >和< td >是两种不同类型的单元格。< th >是表头单元格,用于存放表头信息,< th >内部的文本通常显示为居中的粗体文本。< td >是标准单元格,用于存放表格数据,< td >内部的文本通常显示为左对齐的普通文本。

2. 演示说明

中国的美食文化历史悠久,菜系可分为四大菜系:鲁菜、川菜、粤菜、淮扬菜。使用表格基本标签创建一个关于中国四大菜系的表格,具体代码如例 3-1 所示。

【例 3-1】 创建表格。

```
1  <!DOCTYPE html >
2  < html lang = "en">
3  < head >
4      < meta charset = "UTF - 8">
5      <title>创建表格</title>
6  </head >
7  < body >
8      <!-- 定义表格,并添加边框 -->
9      < table border = "1">
10         <!-- 定义表格的标题 -->
11         < caption >中国四大菜系</caption >
12         <!-- 定义表格内的行 -->
13         < tr >
14             <!-- 定义表格内的表头单元格 -->
15             < th >编号</th>
16             < th >菜系</th>
17             < th >起源</th>
18             < th >特点</th>
19             < th >代表菜</th>
20         </tr >
21         < tr >
22             <!-- 定义表格内的标准单元格 -->
23             < td > 01 </td >
24             < td >鲁菜</td >
25             < td >山东的齐鲁风味</td >
26             < td >清香、鲜嫩、味醇</td >
27             < td >爆炒腰花、糖醋鲤鱼</td >
28         </tr >
29         < tr >
30             < td > 02 </td >
31             < td >川菜</td>
32             < td >四川、重庆</td >
33             < td >麻、辣、鲜、香</td>
34             < td >麻婆豆腐、毛血旺</td >
35         </tr >
36         <!-- 此处省略雷同代码 -->
37     </table >
38  </body >
39  </html >
```

使用表格基本标签创建表格,并使用 border 属性为表格添加边框,运行效果如图 3-1
所示。

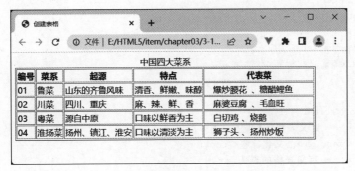

图 3-1　创建表格的运行效果

若去掉 border 属性,则可去除表格的边框,运行效果如图 3-2 所示。

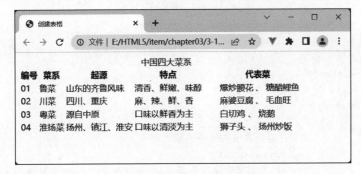

图 3-2　表格去除边框的运行效果

3.1.2　语义化标签

一个完整的表格包括< table >、< caption >、< tr >、< th >、< td >等标签。在使用表格进
行布局时,为了更深入地对表格进行语义化,使网页内容更好地被搜索引擎理解,HTML 中
引入了< thead >、< tbody >和< tfoot >这 3 个语义化标签。< thead >、< tbody >和< tfoot >标
签将表格分别划分为头部、主体和页脚 3 部分。使用这 3 个语义化标签来定义网页中不同
的内容,能够使结构更清晰,代码更具逻辑性,也更具可读性和可维护性。

表格的语义化标签及其说明如表 3-1 所示。

表 3-1　语义化标签及其说明

标　　签	说　　明
< thead >	用于定义表格的头部,一般包含网页的 logo 和导航等头部信息
< tbody >	用于定义表格的主体,位于< thead ></thead>标签之后,一般包含网页中除头部和底部以外的其他内容
< tfoot >	用于定义表格的页脚,位于< tbody ></tbody>标签之后,一般包含网页底部的企业信息等

演示说明

使用表格的语义化标签制作一个"语义化标签"的说明表格,具体代码如例 3-2 所示。

HTML5 表格与表单

【例 3-2】 语义化标签。

```
1   <!DOCTYPE html>
2   <html lang = "en">
3   <head>
4       <meta charset = "UTF - 8">
5       <title>语义化标签</title>
6   </head>
7   <body>
8       <table border = "1">
9           <!-- 定义表格的标题 -->
10          <caption>语义化标签</caption>
11          <!-- 定义表格的表头 -->
12          <thead>
13              <!-- 定义表格内的行 -->
14              <tr>
15                  <!-- 定义表格内的表头单元格 -->
16                  <th>标签</th>
17                  <th>说明</th>
18              </tr>
19          </thead>
20          <!-- 定义表格的主体 -->
21          <tbody>
22              <tr>
23                  <!-- 定义表格内的标准单元格 -->
24                  <td>thead</td>
25                  <td>用于定义表格的头部,一般包含网页的 logo 和导航等头部信息</td>
26              </tr>
27              <tr>
28                  <td>tbody</td>
29                  <td>用于定义表格的主体,一般包含网页中除头部和底部以外的其他内容
    </td>
30              </tr>
31              <tr>
32                  <td>tfoot</td>
33                  <td>用于定义表格的页脚,一般包含网页底部的企业信息等</td>
34              </tr>
35          </tbody>
36          <!-- 定义表格的页脚 -->
37          <tfoot>
38              <tr>
39                  <!-- 在表格的页脚内合并 2 个单元格 -->
40                  <td colspan = "2">语义化标签让表格语义更加良好,结构更加清晰</td>
41              </tr>
42          </tfoot>
43      </table>
44  </body>
45  </html>
```

语义化标签的运行效果如图 3-3 所示。

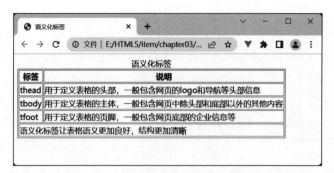

图 3-3　语义化标签的运行效果

3.1.3　单元格边距与间距

在制作一个表格时,有时需要设计表格的单元格内容与单元格边框之间的空白间距,以及单元格之间的空间,使表格更美观,这就需要使用到 cellpadding 属性和 cellspacing 属性。

1. cellpadding 属性

cellpadding 属性规定单元格内容与单元格边框之间的空白间距,即控制单元格的边距。cellpadding 属性通常使用在< table >标签中,其属性值为数值类型,常用单位是像素(px),这个数值代表单元格内容与单元格边框之间的空白间距,即内边距,默认值为 1px。

cellpadding 属性的语法格式如下。

```
< table cellpadding = "pixels">
```

如果将 cellpadding 属性添加到例 3-1 的第 8 行代码的< table >标签中,更改的代码如下。

```
<!-- 定义表格,并添加边框、单元格的边距 -->
< table border = "1"cellpadding = "8">
```

为表格添加 cellpadding 属性,运行效果如图 3-4 所示。

编号	菜系	起源	特点	代表菜
01	鲁菜	山东的齐鲁风味	清香、鲜嫩、味醇	爆炒腰花、糖醋鲤鱼
02	川菜	四川、重庆	麻、辣、鲜、香	麻婆豆腐、毛血旺
03	粤菜	源自中原	口味以鲜香为主	白切鸡、烧鹅
04	淮扬菜	扬州、镇江、淮安	口味以清淡为主	狮子头、扬州炒饭

图 3-4　表格添加 cellpadding 属性的运行效果

2. cellspacing 属性

cellspacing 属性规定单元格之间的空间,即控制单元格的间距。cellspacing 属性通常使用在< table >标签中,其属性值为数值类型,常用单位是像素(px),这个数值代表单元格之间的空白间距,即外边距,默认值为 2px。

cellspacing 属性的语法格式如下。

HTML5 表格与表单

```
< table cellspacing = "pixels">
```

如果将 cellspacing 属性添加到例 3-1 的第 8 行代码的< table >标签中,更改的代码如下。

```
<!-- 定义表格,并添加边框、单元格的边距、单元格的间距 -->
< table border = "1" cellpadding = "8"  cellspacing = "5">
```

再为表格添加 cellspacing 属性,运行效果如图 3-5 所示。

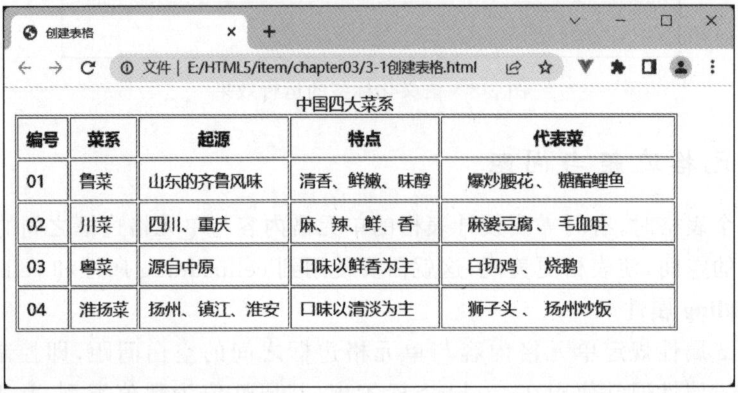

中国四大菜系			
编号	**菜系**	**起源**	**特点**	**代表菜**
01	鲁菜	山东的齐鲁风味	清香、鲜嫩、味醇	爆炒腰花、糖醋鲤鱼
02	川菜	四川、重庆	麻、辣、鲜、香	麻婆豆腐、毛血旺
03	粤菜	源自中原	口味以鲜香为主	白切鸡、烧鹅
04	淮扬菜	扬州、镇江、淮安	口味以清淡为主	狮子头、扬州炒饭

图 3-5 表格添加 cellspacing 属性的运行效果

在< table >标签中,设置 cellspacing 属性的值为 0,表示单元格之间的空白间距为 0,即表格变为单线框,但这种方式并不推荐使用。在实际开发中,通常使用 CSS 中的 border-collapse 属性来决定表格的边框是分开还是合并。border-collapse 属性将会在 10.5.2 节中进行详细讲解和应用。

值得注意的是,请勿将 cellpadding 属性与 cellspacing 属性相混淆,需要分清它们的用途。从实用角度出发,最好不要规定 cellpadding 属性,而是使用 CSS 来添加内边距。

3.1.4 合并行与列

在制作一个表格时,有时需要对表格的单元格进行合并行或合并列的操作,把两个或多个相邻单元格合并成一个单元格,这就需要使用 rowspan 属性和 colspan 属性。

rowspan 属性和 colspan 属性合并表格行与列及其说明如表 3-2 所示。

表 3-2 合并行与列及其说明

属　　性	语 法 格 式	说　　明
rowspan	< td rowspan= "数值">	规定单元格可横跨的行数,即合并表格的行。rowspan 属性通常应用在< td >和< th >标签中,其属性值为数值类型,这个数值代表所要合并的单元格行数
colspan	< td colspan= "数值">	规定单元格可横跨的列数,即合并表格的列。colspan 属性通常应用在< td >和< th >标签中,其属性值为数值类型,这个数值代表所要合并的单元格列数

演示说明

使用表格语义化标签以及 rowspan 属性和 colspan 属性,制作一个有关中国四大菜系分支的表格,具体代码如例 3-3 所示。

【例 3-3】 菜系分支。

```
1   <!DOCTYPE html>
2   <html lang="en">
3   <head>
4       <meta charset="UTF-8">
5       <title>菜系分支</title>
6   </head>
7   <body>
8       <!-- 定义表格,并添加边框、单元格的边距 -->
9       <table border="1" cellpadding="6">
10          <!-- 定义表格的标题 -->
11          <caption>中国四大菜系分支</caption>
12          <!-- 定义表格的表头 -->
13          <thead>
14              <!-- 定义表格内的行 -->
15              <tr>
16                  <!-- 定义表格内的表头单元格 -->
17                  <th>编号</th>
18                  <th>菜系</th>
19                  <!-- 合并表格的列,可横跨 2 列 -->
20                  <th colspan="2">起源/分支</th>
21                  <th>特点</th>
22                  <th>代表菜</th>
23              </tr>
24          </thead>
25          <!-- 定义表格的主体 -->
26          <tbody>
27              <tr>
28                  <!-- 定义表格内的标准单元格 -->
29                  <!-- 合并表格的行,可横跨 2 行 -->
30                  <td rowspan="2">01</td>
31                  <td rowspan="2">鲁菜</td>
32                  <td rowspan="2">山东的齐鲁风味</td>
33                  <td>济南风味菜</td>
34                  <td rowspan="2">清香、鲜嫩、味醇</td>
35                  <td rowspan="2">爆炒腰花、糖醋鲤鱼</td>
36              </tr>
37              <tr>
38                  <td>孔府菜</td>
39              </tr>
40              <tr>
41                  <!-- 合并表格的行,可横跨 3 行 -->
42                  <td rowspan="3">02</td>
43                  <td rowspan="3">川菜</td>
44                  <td rowspan="3">四川、重庆</td>
45                  <td>成都菜</td>
46                  <td rowspan="3">麻、辣、鲜、香</td>
47                  <td rowspan="3">麻婆豆腐、毛血旺</td>
48              </tr>
49              <tr>
50                  <td>自贡菜</td>
51              </tr>
52              <tr>
53                  <td>乐山菜</td>
54              </tr>
55              <!-- 此处省略雷同代码 -->
```

45

第 3 章

```
56              </tbody>
57          <!-- 定义表格的页脚 -->
58          <tfoot>
59              <tr>
60                  <!-- 合并表格的列,可横跨 6 列 -->
61                  <td colspan="6">四大菜系具有鲜明的地方风味特色,并为社会所公认的中
国饮食的菜肴流派</td>
62              </tr>
63          </tfoot>
64      </table>
65  </body>
66  </html>
```

使用表格语义化标签以及 rowspan 属性和 colspan 属性制作表格,菜系分支的运行效果如图 3-6 所示。

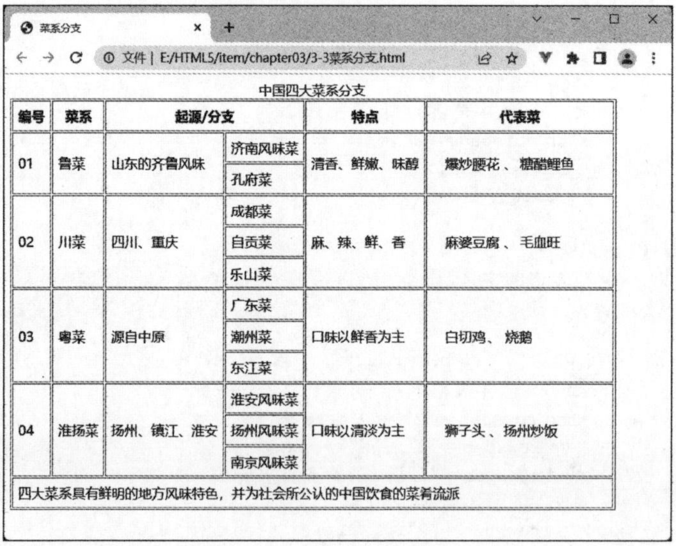

编号	菜系	起源/分支		特点	代表菜
01	鲁菜	山东的齐鲁风味	济南风味菜 孔府菜	清香、鲜嫩、味醇	爆炒腰花、糖醋鲤鱼
02	川菜	四川、重庆	成都菜 自贡菜 乐山菜	麻、辣、鲜、香	麻婆豆腐、毛血旺
03	粤菜	源自中原	广东菜 潮州菜 东江菜	口味以鲜香为主	白切鸡、烧鹅
04	淮扬菜	扬州、镇江、淮安	淮安风味菜 扬州风味菜 南京风味菜	口味以清淡为主	狮子头、扬州炒饭
四大菜系具有鲜明的地方风味特色,并为社会所公认的中国饮食的菜肴流派					

图 3-6 菜系分支的运行效果

3.1.5 表格的其他属性

HTML5 为表格提供了一系列用于控制表格样式的属性,例如 border 属性、bordercolor 属性、align 属性、width 属性、bgcolor 属性、background 属性等。这些属性的具体说明如表 3-3 所示。

表 3-3 表格其他属性及其说明

属　性	说　明
border	表示是否设置边框,可以取值为 1 和 0,1 代表有边框,0 代表无边框(通常省略不写)
bordercolor	用于设置边框颜色,在<table>标签中,需配合 border 属性使用,可对表格的整体边框进行颜色的设置
align	设置单元格内容的水平对齐方式,在<tr>和<td>标签中,align 属性的默认值为左对齐(left);在<th>标签中,align 属性的默认值为居中对齐(center);而在<table>标签中,align 属性用于设置表格在网页中的水平对齐方式
valign	设置单元格内容的垂直对齐方式,默认值为居中对齐(center)

属　　性	说　　明
width	设置单元格的宽度,当一列单元格中有不同 width 属性值时,取最大值作为这一列的宽度
height	设置单元格的高度,当一行单元格中有不同 height 属性值时,取最大值作为这一行的高度
bgcolor	规定表格的背景颜色。在 HTML 4.01 中,表格的 bgcolor 属性已废弃,HTML5 已不支持表格的 bgcolor 属性,但该属性在浏览器中仍能识别出来。当需要设置表格背景颜色时,一般在 CSS 样式中设置
background	设置表格的背景图片,属性值为一个有效的图片地址,不推荐使用。在实际开发中,通常使用 CSS 属性设置表格的背景图片

border 属性不会控制边框的样式,若需要设置边框样式,通常使用 CSS 样式设计表格边框,即通过 border 属性的连写设置边框,详细用法会在 6.1.3 节进行说明,CSS 样式设计边框的示例代码如下。

```
table{ border:1px solid #aaa; }
```

3.2　实例二：天气情况表格统计

天气现象风云变幻,奥秘无穷,时刻影响着人们的生活。华夏先民在与大自然的长期互动中,日渐适应了四时交替,阴阳变化,逐渐探索出气象变化的一般规律,掌握观天察气、看云识天的气象知识,使之成为中华民族乃至世界文明的宝贵精神财富和独特文化资源。

3.2.1　"天气情况表格统计"页面结构简图

本实例是使用 HTML 表格标签制作一份北京一周的天气情况统计表。该页面主要由表格的<table>标签、<caption>标签、<tr>标签、<td>标签以及两个语义化标签构成。"天气情况表格统计"的页面结构简图如图 3-7 所示。

图 3-7　"天气情况表格统计"的页面结构简图

HTML5 表格与表单

3.2.2 实现"天气情况表格统计"页面效果

新建一个 HTML5 文件,使用< table >、< caption >、< tr >、< td >等标签编写相关代码,并使用表格相关属性设置表格样式,具体代码如例 3-4 所示。

【例 3-4】 天气情况表格统计。

```
1   <!DOCTYPE html >
2   < html lang = "en">
3   < head >
4       < meta charset = "UTF - 8">
5       <title>天气情况表格统计</title>
6   </head >
7   < body >
8       <!-- 定义表格,并添加边框、单元格的边距、单元格的间距 -->
9       < table border = "1" cellpadding = "10" cellspacing = "6">
10          <!-- 定义表格的标题 -->
11          <caption>天气情况统计</caption>
12          <!-- 定义表格的表头 -->
13          < thead >
14              <!-- 定义表格内的行 -->
15              < tr >
16                  <!-- 定义表格内的表头单元格 -->
17                  <th>日期</th>
18                  <th>天气</th>
19                  <th>最低温度</th>
20                  <th>最高温度</th>
21                  <th>风向</th>
22                  <th>风力</th>
23              </tr >
24          </thead >
25          <!-- 定义表格的主体 -->
26          < tbody >
27              <!-- 设置单元格内容为水平居中对齐方式 -->
28              < tr align = "center">
29                  <!-- 定义表格内的标准单元格 -->
30                  <td>星期一</td>
31                  <td>晴</td>
32                  <td> - 7℃ </td>
33                  <td> 3℃ </td>
34                  <td>西北风</td>
35                  <td> 3～4 级</td>
36              </tr >
37              < tr align = "center">
38                  <td>星期二</td>
39                  <td>晴</td>
40                  <td> - 8℃ </td>
41                  <td> 1℃ </td>
42                  <td>北风</td>
43                  <td>微风</td>
44              </tr >
45              <!-- 此处省略雷同代码 -->
46          </tbody >
```

48

```
47      </table>
48 </body>
49 </html>
```

在上述代码中,首先,使用< table >标签创建表格,< caption >标签定义标题,并在
< table >标签中添加 border、cellpadding、cellspacing 属性分别为表格设置边框、单元格的边
距、单元格的间距;其次,使用两个语义化标签将表格划分为头部和主体两部分;最后,使
用< tr >标签定义表格的行,并根据情况在< tr >标签内插入< th >表头单元格或< td >标准单
元格,再在< tr >标签中添加 align="center"设置单元格内容为水平居中对齐。

3.3　HTML5 表单

表单是网页中常用的一种展示效果,如登录页面中的用户名和密码的输入、登录按钮等
都是使用表单相关标签进行定义的。在 HTML5 中,表单是获取用户输入的手段,它的主
要功能是收集用户的信息,并将这些信息传递给后台服务器,实现用户与 Web 服务器的
交互。

3.3.1　表单的组成

在 HTML5 中,一个完整的表单通常由表单元素、提示信息和表单域 3 部分组成,下面
将详细介绍这 3 部分。

表单元素:包含表单的具体功能项,如文本输入框、下拉列表框、复选框、密码输入框、
登录按钮等。

提示信息:表单中通常还需包含一些说明性的文字,提示用户要进行的操作。

表单域:用来容纳表单元素和提示信息,可以通过它定义处理表单数据所用程序的
URL 地址,以及数据提交到服务器的方法。如果未定义表单域,表单中的数据就无法传送
到后台服务器。

表单元素是表单的核心,常用的表单元素如表 3-4 所示。

表 3-4　常用的表单元素

表 单 元 素	含　　义
< input >	文本输入框,可定义多种控件类型,如 text(单行文本框)、password(密码文本框)、radio(单选框)、checkbox(复选框)、button(按钮)、submit(提交按钮)、reset(重置按钮)、hidden(隐藏域)、image(图像域)、file(文件域)等
< select >	定义一个下拉列表(必须包含列表项)
< textarea >	定义多行文本框
< label >	定义表单辅助项

这里先简单了解一下常用的表单元素,本章后续小节将会对其进行详细讲解。

3.3.2　< form >标签

为了实现用户与 Web 服务器的交互,需要让表单中的数据传送给服务器,这就必须定
义表单域。定义表单域与< table >标签定义表格类似,在 HTML5 中< form >标签用于定义

表单域,即创建一个表单,用来实现用户信息的收集和传递,<form></form>标签中的所有内容都会提交给服务器。

1. 语法格式

<form>标签的语法格式如下。

```
<form action="URL 地址" method="数据提交方式">
    表单元素和提示信息
</form>
```

2. 标签属性

<form>标签常用的属性包括 action 属性和 method 属性,以及作为了解的 enctype 属性和 target 属性。接下来将具体介绍这几种属性。

1) action 属性

action 属性可定义表单数据的提交地址,即一个 URL 地址。HTML 表单要连接服务器,就需要在 action 属性上设置一个 URL。例如,两个人要打电话就必须要知道对方的电话号码,URL 就相当于电话号码。action 属性用于指定接收并处理表单数据的服务器的URL 地址,示例如下。

```
<form action="qianfeng_action.asp"
```

该示例表示当提交表单时,表单数据会传送到 qianfeng_action.asp 的页面进行处理。action 属性值可以是相对路径或绝对路径,还可以是接收数据的 E-mail 地址,示例如下。

```
<form action=qianfeng@1000phone.com>
```

该示例表示当提交表单时,表单数据会以电子邮件的形式传递出去。

2) method 属性

method 属性可以定义表单数据的提交方式,常用的有 get(默认)和 post 这两种方式。提交方式类似于通信方式,可以打电话、发短信或发邮件。以 get 方式提交数据,数据会直接显示在浏览器的地址栏中,保密性差,且存在数据量限制。以 post 方式提交数据,保密性好,且无数据量限制,使用 method="post"可以批量提交数据。

3) enctype 属性

enctype 属性规定在发送到服务器之前应该如何对表单数据进行编码。enctype 属性的可取值为 application/x-www-form-urlencoded、multipart/form-data 和 text/plain,enctype 属性值及其说明如表 3-5 所示。

表 3-5　enctype 属性值及其说明

属 性 值	说 明
application/x-www-form-urlencoded	在发送到服务器之前,所有字符都会进行编码(空格转换为"＋"加号,特殊符号转换为 ASCII HEX 值)
multipart/form-data	不对字符进行编码。当使用包含文件上传控件的表单时,必须使用该值
text/plain	空格转换为"＋"号,但不对特殊字符编码

4) target 属性

target 属性定义提交地址的打开方式,常用的打开方式有 _self(默认)和 _blank。 _self

可在当前页打开,_blank 可在新页面打开,< form >标签中的 target 属性与< a >标签中的 target 属性用法一样,此处不再赘述。

3. 演示说明

使用< form >标签及其属性创建一个用户账号信息提交表单,具体代码如例 3-5 所示。

【例 3-5】 创建表单。

```
1   <!DOCTYPE html >
2   < html lang = "en">
3   < head >
4       < meta charset = "UTF - 8">
5       <title>创建表单</title>
6   </head >
7   < body >
8       <!-- 添加表单域,设置表单数据提交地址、数据提交方式、数据提交地址打开方式、数据提
    交内容方式 -->
9       < form action = "demo.html" method = "post" target = "_blank" enctype = "multipart/form -
    data">
10          用户名:< input type = "text" name = "user">
11          密码:< input type = "password" name = "pass">
12          < input type = "submit" value = "提交">
13      </form >
14  </body >
15  </html >
```

使用< form >标签及其属性创建一个用户账号信息提交表单,运行效果如图 3-8 所示。

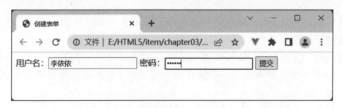

图 3-8　创建表单的运行效果

当单击"提交"按钮时,表单数据会提交到 demo.html 页面进行处理,运行效果如图 3-9 所示。

图 3-9　数据提交的运行效果

3.3.3　< input >标签

< input >标签用于搜集用户信息,是一个单标签。网页中经常会使用到单行文本框、密码文本框、单选框、提交按钮等,要想定义这些表单元素就需要使用< input >标签。

< input >标签的语法格式如下。

```
< input type = "控件类型">
```

1. type 属性

< input > 标签根据 type 属性的取值不同,可以展现出不同的表单控件类型,如 text 单行文本框、password 密码文本框、submit 重置按钮等。当在网页中收集用户信息时,部分信息通常会有严格的限制,不能任由用户自行输入而只能进行选择,这就需要使用到 radio 单选框或 checkbox 复选框。< input > 可实现的表单控件说明如表 3-6 所示。

表 3-6 < input > 可实现的表单控件说明

属 性 值	说 明
text	单行文本框。可以输入任何类型的文本,如文字、数字等,输入的内容以单行显示,如 < input type="text" name="" value="">
password	密码文本框。定义密码字段,该字段中的字符被掩码,显示为“ * ”,如 < input type= "password" name="" value="">
button	普通按钮。定义可单击的按钮,如 < input type="button" name="" value="">
submit	提交按钮。提交按钮会把表单数据发送到服务器,如 < input type="submit" name= "" value="">
image	定义图片形式的提交按钮。需要结合 src 属性和 alt 属性使用,src 属性定义图片的来源,alt 属性定义当图片无法显示时的提示文字,如 < input type="image" src="图片地址" alt="提示文字">
reset	重置按钮。重置按钮会清除表单中所有的数据,如 < input type="reset" name="" value="">
radio	单选框。多个 name 属性值相同的单选框控件可成为一组,让用户进行选择,一组单选框中只能选择其中 1 个选项,不可多选,如 < input type="radio" name="" value="">
checkbox	复选框。多个 name 属性值相同的复选框控件可成为一组,让用户进行选择,一组复选框中允许选择多个选项。值得注意的是,在一组单选框或复选框中,name 属性值必须相同,如 < input type="checkbox" name="" value="">
hidden	隐藏域。可用于隐藏向后台服务器发送的一些数据,如正在被请求或编辑的内容的 ID 名。隐藏域是一种不影响页面布局的表单控件。值得注意的是,尽量不要将重要信息上传至隐藏域,避免信息泄露,如 < input type="hidden" name="">
file	文件域。可用于上传文件,用户可以选择 1 个或多个元素以提交表单的方式上传到服务器上,如文档文件上传和图片文件上传,如 < input type="file" name="">

值得注意的是,使用文件域时,< form > 标签的 method 属性值必须设置成 post,enctype 属性值必须设置成 multipart/form-data。

文件域不仅支持 < input > 元素共享的公共属性,还支持自身的一些特定属性,如 accept、capture、multiple 和 files。文件域特定属性的说明如表 3-7 所示。

表 3-7 文件域特定属性的说明

属 性	说 明
accept	文件域允许接受的文件类型,多种文件类型以逗号(,)为分隔
capture	捕获图像或视频数据的源
multiple	允许用户选择多个文件
files	列出已选择的文件

2. ＜input＞标签的其他常用属性

＜input＞标签除了 type 属性之外,还有一些常用属性,如 name 属性、placeholder 属性、readonly 属性、disabled 属性、checked 属性等。＜input＞标签的其他常用属性的说明如表 3-8 所示。

表 3-8　＜input＞标签的其他常用属性的说明

属　　性	说　　明
name	规定＜input＞元素的名称,提交给服务器。name 属性值通常与 value 属性值配合成一对使用,后台服务器可通过 name 值找到对应的 value 值
value	规定＜input＞元素的值,提交给服务器
placeholder	输入框提示文本
readonly	定义元素内容为只读(不能修改编辑)
disabled	禁用。定义该元素不可用(显示为灰色),提交表单时不会被提交给服务器
checked	默认选择项。定义选择元素被默认选中的项,适用于单选框和多选框
required	必填项。具有该属性的＜input＞标签,在提交时若没有填写内容,则会提示此元素为必填项
size	宽度。设置输入框的宽度
maxlength	最大长度。设置输入框的最大长度

3.3.4　＜label＞标签

1. 概述

＜label＞标签可用于定义＜input＞元素的标记,主要作用是辅助表单元素,可更好地提升用户体验。当用户单击＜label＞标签内的文本时,会自动将焦点转到与标签相关的表单控件上。＜label＞标签中的 for 属性用于指出当前文本标签与哪个表单控件相关联,其属性值一定要与＜input＞标签中的 id 属性值保持一致才能找到相应控件。

2. 演示说明

使用＜input＞标签及其相关控件,以及＜label＞标签创建一个基本的表单,在表单域中添加一个单行文本框、密码框、单选框、多选框和提交按钮控件,具体代码如例 3-6 所示。

【例 3-6】 表单控件。

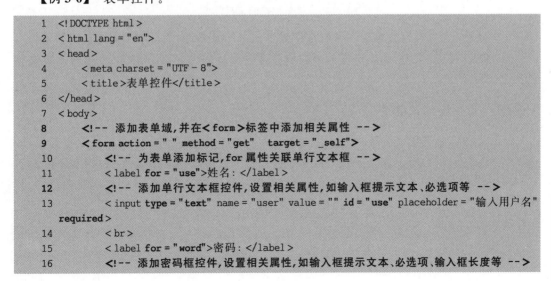

```
1    <!DOCTYPE html >
2    < html lang = "en">
3    < head >
4        < meta charset = "UTF - 8">
5        <title>表单控件</title>
6    </head >
7    < body >
8        <!-- 添加表单域,并在< form >标签中添加相关属性 -->
9        < form action = " " method = "get"  target = "_self">
10           <!-- 为表单添加标记,for 属性关联单行文本框 -->
11           < label for = "use">姓名: </label >
12           <!-- 添加单行文本框控件,设置相关属性,如输入框提示文本、必选项等 -->
13           < input type = "text" name = "user" value = "" id = "use" placeholder = "输入用户名"
    required >
14           < br >
15           < label for = "word">密码: </label >
16           <!-- 添加密码框控件,设置相关属性,如输入框提示文本、必选项、输入框长度等 -->
```

```
17        < input type = "password" name = "pass" value = "" id = "word" placeholder = "输入密
     码" size = "20" required >
18        < br >
19        <!-- 添加单选框控件,name 属性值必须一致。为了避免发生漏选问题,可添加 checked
     属性,此值为默认选中  -->
20        性别: < input type = "radio" name = "gender" value = "" id = "man" checked >
21        < label for = "man">男</label>
22        < input type = "radio" name = "gender" value = "" id = "woman" >
23        < label for = "woman">女</label>
24        < br >
25        <!-- 添加多选框控件 -->
26        爱好: < input type = "checkbox" name = "hobby" value = "下棋" id = "chess">
27        < label for = "chess">下棋</label>
28        < input type = "checkbox" name = "hobby" value = "民族舞" id = "dance" >
29        < label for = "dance">民族舞</label>
30        < input type = "checkbox" name = "hobby" value = "看书" id = "read" >
31        < label for = "read">看书</label>
32        < input type = "checkbox" name = "hobby" value = "跑步" id = "run" >
33        < label for = "run">跑步</label>
34        < br >
35        <!-- 添加提交按钮控件,将数据提交给服务器 -->
36        < input type = "submit" name = "but" value = "提交" >
37     </form>
38  </body>
39  </html>
```

表单控件的运行效果如图 3-10 所示。

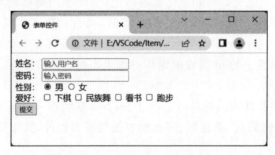

图 3-10   表单控件的运行效果

在上述代码中,单行文本框和密码框设置了 required 属性,为必填项。当密码框未填写
内容时,单击"提交"按钮,会出现提示必须填写密码信息的内容,此时页面上填写的数据不
会发送至服务器。

3.3.5   < select >标签

< select >标签可定义表单中的下拉列表。网页中经常会看到多个选项的下拉菜单,如
选择城市、日期、科目等。在< select >标签中包含一个或多个< option >标签,< option >标签
可创建选择项。< select >标签需要与< option >标签组合使用,这个特点与列表类似,如无
序列表由< ul >标签和< li >标签配合使用。为了更好地理解,可将下拉列表看作一个特殊的
无序列表。

1. 语法格式

< select >标签的语法格式如下。

```
< select name = "下拉列表的名称" >
    < option value = "选择项 1">选择项 1 </option >
        …
    < option value = "选择项 n">选择项 n </option >
</select >
```

值得注意的是,需要在< select >标签中设置 name 属性,每个< option >标签中也需要设置 value 属性,这样可便于服务器获取选择框,以及用户获取选择项的值。如果在< option >标签中省略 value 值,则包含的文本就是选择项的值。

2. < select >标签属性

< select >标签可通过添加属性来改变下拉列表的外观显示效果。< select >标签的常用属性有 multiple 属性和 size 属性,这两种属性的说明如表 3-9 所示。

表 3-9 < select >标签常用属性的说明

属　　性	说　　明
multiple	设置多选下拉列表。默认下拉列表只能选择一项,而设置 multiple 属性后下拉列表可选择多项(按住 Ctrl 键即可选择多项)。多选下拉列表在选择项的数目超过列表框的高度时,会显示滚动条,通过拖动滚动条可查看并选择多个选项
size	设置下拉列表可见选项的数目,取值为正整数

3. < option >标签属性

< option >标签的常用属性有 value 属性、selected 属性和 disabled 属性,可用于设置下拉列表中的各个选择项。< option >标签常用属性的说明如表 3-10 所示。

表 3-10 < option >标签常用属性的说明

属　　性	说　　明
value	定义送往服务器的选项值
selected	默认此选项(首次显示在列表中时)表现为选中状态
disabled	规定此选项应在首次加载时便被禁用

在< select >标签和< option >标签之间,可以使用< optgroup >标签对选择项进行分组,即把相关选择项组合在一起。< optgroup >标签的 label 属性可用于设置分组项的标题。

4. 演示说明

制作一个下拉列表,在表单中定义单选下拉列表和多选下拉列表,在单选下拉列表中使用 selected 属性设置默认选中值,在多选下拉列表中使用< optgroup >标签对选择项进行分组,具体代码如例 3-7 所示。

【例 3-7】 下拉列表。

```
1  <! DOCTYPE html >
2  < html lang = "en">
3  < head >
4      < meta charset = "UTF - 8">
5      <title>下拉列表</title>
6  </head >
7  < body >
8      < form >
9          <p>您目前所在的年级是
```

```
10              < label for = "class">
11                  <!-- 定义单选下拉列表 -->
12                  < select name = "grade" id = "class">
13                      <!-- selected 属性将"大一"设置为默认选中值 -->
14                      < option value = "one" selected>大一</option>
15                      < option value = "two">大二</option>
16                      < option value = "third">大三</option>
17                      < option value = "four">大四</option>
18                  </select>
19              </label>
20          </p>
21          <p>您目前所学科目有
22              < label for = "subject">
23                  <!-- 定义多选下拉列表,设置 multiple 和 size 属性 -->
24                  < select name = "course" id = "subject" multiple size = "6">
25                      <!-- 利用<optgroup>标签对选择项进行分组操作 -->
26                      < optgroup label = "前端">
27                          < option value = "html5">HTML5 </option>
28                          < option value = "css">CSS </option>
29                      </optgroup>
30                      < optgroup label = "后端">
31                          < option value = "java">Java </option>
32                          < option value = "python">Python </option>
33                      </optgroup>
34                  </select>
35              </label>
36          </p>
37      </form>
38 </body>
39 </html>
```

下拉列表的运行效果如图 3-11 所示。

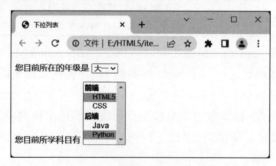

图 3-11　下拉列表的运行效果

图 3-11 中,在多选下拉列表中,需要按住 Ctrl 键并单击对应选择项才可以选择多个选项。

3.3.6　< textarea >标签

< textarea >标签可定义多行文本框(文本域),用户可以在多行文本框内输入多行文本。文本区域内可容纳无限数量的文本,文本的默认字体是等宽字体(通常是 Courier)。使用 cols 和 rows 属性能够规定多行文本框的尺寸,不过更好的办法是使用 CSS 的 height 和 width 属性。

1. 语法格式

多行文本框的语法格式如下。

```
<textarea name="文本框名称" rows="文本框行数" cols="文本框列数"></textarea>
```

2. 标签属性

<textarea>标签的常用属性有 name 属性、rows 属性、cols 属性和 autofocus 属性,这些属性的具体说明如表 3-11 所示。

表 3-11　<textarea>标签常用属性的说明

属　　性	说　　明
name	定义多行文本框的名称,由于在存储文本时必须使用此项,因此 name 属性不可省略
rows	定义多行文本框的水平列,表示可显示的行数
cols	定义多行文本框的垂直列,表示可显示的列数,即一行中可容纳下的字节数
autofocus	规定在页面加载后文本区域自动获得焦点

3. 演示说明

使用<textarea>标签制作一个多行文本框,具体代码如例 3-8 所示。

【例 3-8】　多行文本框。

```
1  <!DOCTYPE html>
2  <html lang="en">
3  <head>
4      <meta charset="UTF-8">
5      <title>多行文本框</title>
6  </head>
7  <body>
8      <h3>留言板</h3>
9      <form action="" method="post">
10         <!-- 定义多行文本框,设置列数为 40,行数为 10 -->
11         <textarea name="content" id="content" cols="40" rows="10">请在此输入内容
   </textarea>
12     </form>
13  </body>
14  </html>
```

多行文本框的运行效果如图 3-12 所示。

图 3-12　多行文本框的运行效果

第
3
章

HTML5 表格与表单

在实际开发中,通常使用 CSS 的 height 和 width 属性来规定多行文本框的尺寸。

3.3.7 < fieldset >标签

< fieldset >标签可将表单内的相关元素进行分组,并绘制边框。< legend >标签包含于 < fieldset >标签内,用于定义分组表单的标题。< fieldset >标签可以使表单域的层次更加清晰,更易于用户理解。

使用< fieldset >标签制作一个账号注册和邮箱注册的分组表单,具体代码如例 3-9 所示。

【例 3-9】 分组表单。

```
1   <! DOCTYPE html>
2   < html lang = "en">
3   < head >
4       < meta charset = "UTF - 8">
5       < title >分组表单</title>
6   </head>
7   < body >
8       < form action = "#" method = "post">
9           <!-- 分组 -->
10          < fieldset >
11              <!-- 分组表单的标题 -->
12              < legend >账号注册</legend>
13              < label for = "user">账户名</label>
14              < input type = "text" name = "ming" id = "user"><br>
15              < label for = "word">密码</label>
16              < input type = "password" name = "pass" id = "word">
17          </fieldset >
18          < fieldset >
19              < legend >手机号注册</legend>
20              < label for = "phone">手机号</label>
21              < input type = "tel" name = "tel" id = "phone"><br>
22              < label for = "code">验证码</label>
23              < input type = "number" name = "num" id = "code">
24          </fieldset >
25      </form>
26  </body>
27  </html >
```

分组表单的运行效果如图 3-13 所示。

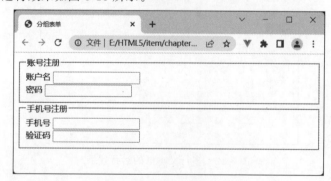

图 3-13　分组表单的运行效果

3.4 实例三：图书库存信息录入表单

"书中自有颜如玉，书中自有黄金屋"，读书能够使人明智、明理、明德。书籍以文字的形式记录人类的历史文明，使其得到延续与传承，使人类走向文明，学习到知识，是人类最宝贵的财富之一！

3.4.1 "图书库存信息录入表单"页面结构简图

本实例是制作一个"图书库存信息录入表单"的页面，该页面主要由表单中的<form>标签、<fieldset>标签、<label>标签、<select>标签和<textarea>标签，以及<input>标签中的单行文本框、单选框、数字输入框、日期输入框、文件域、提交按钮和重置按钮构成。"图书库存信息录入表单"的页面结构简图如图 3-14 所示。

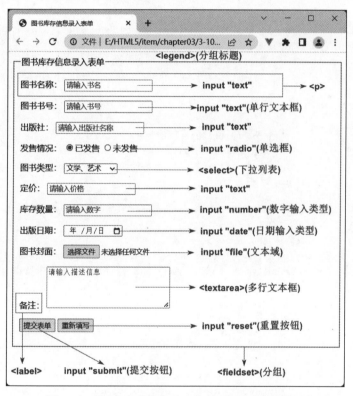

图 3-14 "图书库存信息录入表单"的页面结构简图

3.4.2 实现"图书库存信息录入表单"页面效果

新建一个 HTML5 文件，使用<form>标签创建一个表单，通过<fieldset>标签对表单进行分组，再使用表单常用标签创建各个表单控件，具体代码如例 3-10 所示。

【例 3-10】 图书库存信息录入表单。

```
1   <!DOCTYPE html>
2   <html lang = "en">
```

```
3   <head>
4       <meta charset="UTF-8">
5       <title>图书库存信息录入表单</title>
6   </head>
7   <body>
8       <!-- 表单域 -->
9       <form action="#" method="post" enctype="multipart/form-data">
10          <!-- 分组 -->
11          <fieldset>
12              <!-- 分组的表单标题 -->
13              <legend>图书库存信息录入表单</legend>
14              <p>
15                  <!-- 信息提示,可关联控件 -->
16                  <label for="ming">图书名称:</label>
17                  <!-- 单行文本框 -->
18                  <input type="text" id="ming" name="ming" placeholder="请输入书名"
    required>
19              </p>
20              <p>
21                  <label for="isbn">图书书号:</label>
22                  <!-- 单行文本框 -->
23                  <input type="text" id="isbn" name="isbn" placeholder="请输入书号"
    required>
24              </p>
25              <p>
26                  <label for="publisher">出版社:</label>
27                  <!-- 单行文本框 -->
28                  <input type="text" id="publisher" name="publisher" placeholder="请
    输入出版社名称" required>
29              </p>
30              <p>
31                  <label for="">发售情况:</label>
32                  <!-- 单选框 -->
33                  <input type="radio" name="sale" value="yes" checked>已发售
34                  <input type="radio" name="sale" value="no">未发售
35              </p>
36              <p>
37                  <label for="kind">图书类型:</label>
38                  <!-- 下拉列表 -->
39                  <select name="kind" id="kind">
40                      <option value="philosophy">哲学</option>
41                      <option value="Social">人文社会科学</option>
42                      <option value="literature" selected>文学、艺术</option>
43                      <option value="nature">自然应用科学</option>
44                      <option value="history">历史、地理</option>
45                  </select>
46              </p>
47              <p>
48                  <label for="pricing">定价:</label>
49                  <input type="text" id="pricing" name="price" placeholder="请输入
    价格" required>
50              </p>
51              <p>
52                  <label for="amount">库存数量:</label>
```

```
53                     <!-- 数字输入类型 -->
54                     < input type = "number" id = "amount" name = "amount" placeholder = "请输
   入数字" required>
55                 </p>
56             < p >
57                 < label for = "time">出版日期:</label>
58                 <!-- 日期输入类型 -->
59                 < input type = "date" id = "time" name = "time">
60             </p>
61             < p >
62                 < label for = "upload">图书封面:</label>
63                 <!-- 文件域 -->
64                 < input type = "file" name = "file" id = "upload">
65             </p>
66             < p >
67                 < label for = "tip">备注:</label>
68                 <!-- 多行文本框 -->
69                 < textarea name = "tip" id = "tip" cols = "30" rows = "5" placeholder = "请
   输入描述信息"></textarea>
70             </p>
71             < p >
72                 <!-- 提交按钮 -->
73                 < input type = "submit" value = "提交表单">
74                 <!-- 重置按钮 -->
75                 < input type = "reset" value = "重新填写">
76             </p>
77         </fieldset>
78     </form >
79 </body >
80 </html >
```

在上述代码中,表单中主要有 9 种控件,< select >标签和< textarea >标签分别定义下拉
列表和多行文本框,而其余 7 种控件由< input >标签中的 type 属性来定义。< label >标签
用来编辑信息提示文本,使其与指定控件进行关联。因此,需要为每个控件中分别定义不同
的 id 属性、name 属性、value 属性等,以及一些控制控件状态的属性,如 required 属性。

3.5　本章小结

本章重点学习如何制作表格和表单,主要介绍表格和表单的相关标签与属性。表格不
仅可以制作常规表格,还可用于对网页进行布局。表单能够在网页上收集用户的各类信息,
增强网页与用户之间的信息交互。希望通过对本章内容的分析和讲解,读者能够熟悉表格
与表单的相关标签与属性,掌握表格和表单的制作,可以编写出适应于网页页面需求的表格
和表单,为后面的深入学习奠定基础。

3.6　习　　题

1. 填空题

(1) 一个最基本的表格由_____、_____、_____ 3 个标签构成。

（2）一个完整的表单通常由_____、_____和_____ 3部分构成。

（3）＜th＞是_____,＜td＞是_____。

（4）＜select＞标签需要与_____标签配合使用。

2．选择题

（1）＜input＞标签中用于定义单选框的 type 属性值是(　　)。

    A．checkbox   B．reset   C．radio   D．file

（2）下列不属于表格属性的是(　　)。

    A．rowspan   B．border   C．cellpadding   D．text-align

（3）能使下拉列表选择多项的属性是(　　)。

    A．selected   B．disabled   C．multiple   D．size

（4）以下标签中不能体现表格语义化的是(　　)。

    A．＜table＞＜/table＞   B．＜thead＞＜/thead＞

    C．＜tfoot＞＜/tfoot＞   D．＜tbody＞＜/tbody＞

3．思考题

（1）简述 3 个语义化标签的含义。

（2）简述＜label＞标签的作用。

第4章 初识 CSS3

学习目标

- 了解 CSS3 的历史。
- 了解 CSS3 样式的多种引入方式。
- 掌握 CSS3 基础选择器的用法。
- 掌握 CSS3 新增选择器的用法。

本章重点介绍 CSS3 的基础知识。在之前的章节中已经讲解了使用 HTML5 标签的属性对网页进行修饰布局，但是这种方式并不利于代码的阅读和维护。使用 CSS3 对网页进行布局，能够使网页更美观、大方，实现结构和表现的分离，对代码的维护也更方便。本章将通过对 CSS3 的历史、引入方式和选择器进行详细讲解，引领读者踏上 CSS3 的学习之路。

4.1 CSS3 简介

伴随 HTML 的快速发展，为了满足页面设计者的要求，HTML 添加了很多显示功能。但是这些功能的增加，使 HTML 变得越来越杂乱，HTML 页面也越来越臃肿，由此便诞生了 CSS。CSS 可用于简化 HTML 标签，把关于样式部分的内容提取出来，进行单独的控制，实现结构与样式的分离式开发。

4.1.1 CSS3 的历史

CSS 这门语言是由 W3C 创建和维护的，也是 W3C 推荐的 Web 相关标准。CSS 在不同时期所对应的 4 个重要版本如下。

（1）CSS1.0——1996 年 12 月，W3C 推荐标准。

（2）CSS2.0——1998 年 5 月，W3C 推荐标准。

（3）CSS2.1——2004 年 6 月，W3C 推荐标准。

（4）CSS3.0——还没有发布正式版本（日期到本书结稿时）。

1996 年末发布了 CSS1.0，这个版本只提供一些简单的功能，并没有得到广泛的应用。直到 CSS2.0 的诞生才真正实现结构与样式的分离，CSS2.0 在此时得到了快速的发展。CSS2.1 版本是 CSS2.0 版本的修正版，在 CSS2.0 的基础上进行了些许改动，删除了许多不被浏览器所支持的属性。

伴随着互联网的快速发展，网页样式产生了更多的需求。早在 2001 年，W3C 就着手开始准备开发 CSS 的第 3 个版本，CSS3 在 CSS2.1 的基础上提供了更多实用且强大的功能。

目前 CSS3 还没有发布正式版本(至本书结稿时),但是它的很多功能已经可以得到很好的支持与应用。

4.1.2　CSS 改变元素样式

CSS 的主要作用是定义网页的样式(美化网页),对网页中元素的位置、字体、颜色、背景等进行精确控制。CSS 不仅可以静态地修饰网页,还可以配合 JavaScript 动态地修改网页中元素的样式,而且市面上几乎所有的浏览器都支持 CSS。

CSS 可以改变 HTML 元素的样式。改变元素样式首先需要弄清楚 3 件事:"改变的对象是谁""改什么类型的样式""具体改成什么样子"。"改变的对象是谁"表示要在 HTML 元素中选择要改变的对象,这需要用到 CSS 选择器。CSS 选择器用于指定、控制 CSS 所要作用的 HTML 元素,例如标签选择器是通过标签名来选择标签,ID 选择器是通过 ID 来选择标签。"改什么类型的样式"表示要选择改变 HTML 元素的具体样式属性,这需要使用 CSS 属性。CSS 属性是指定选择符所具有的属性,例如字体属性、背景属性、文本属性、边框属性等。"具体改成什么样子"就是指定这个样式属性的属性值,例如字体属性设置字体的大小、粗细等,背景属性设置内容的背景颜色、背景图片等。CSS 改变元素样式如图 4-1 所示。

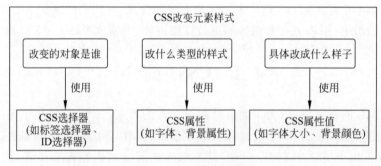

图 4-1　CSS 改变元素样式

4.2　CSS3 样式的引入方式

CSS3 样式用于辅助 HTML5 进行页面布局,CSS3 有 3 种引入方式,即行内样式、内嵌样式和外链样式。不同的引入方式对于后期代码维护难度的影响是不同的,内容与样式的关联性也是不同的。而关联性的强弱会影响后期代码的维护。

4.2.1　行内样式

行内样式需要使用 HTML5 标签中的 style 属性引入 CSS3 属性,此方式能够直接在 HTML5 标签中设置样式。

使用行内样式引入 CSS3 代码创建一个页面,代码如例 4-1 所示。

【例 4-1】　行内样式。

```
1   <!DOCTYPE html>
2   <html lang="en">
3   <head>
```

```
4       < meta charset = "UTF - 8">
5       <title>行内样式</title>
6   </head>
7   < body >
8       <!-- 使用行内样式引入 CSS -->
9       < h3 style = "color:darkgreen">行内样式引入 CSS </h3 >
10      < div style = "width:150px;height:100px;background - color:coral"></div >
11  </body>
12  </html>
```

使用行内样式引入 CSS3 代码的运行效果如图 4-2 所示。

图 4-2　行内样式引入 CSS3 代码的运行效果

在行内样式中,由于 CSS3 代码是直接书写在 HTML5 标签中的,元素内容和样式没有进行分离,因此关联性较强,在开发中不利于后期代码的维护,不提倡在实际开发中使用。

需要注意的是,CSS3 中是通过/ * * /的形式来添加注释的,/ * 作为注释的起始,* /作为注释的结束,这与 HTML5 中添加注释的方式是不一样的。

4.2.2　内嵌样式

内嵌样式需要使用< style >标签包裹 CSS3 代码,而< style >标签在一般情况下都会添加到< head >标签中。

使用内嵌样式引入 CSS3 代码创建一个页面,代码如例 4-2 所示。

【例 4-2】　内嵌样式。

```
1   <! DOCTYPE html >
2   < html lang = "en">
3   < head >
4       < meta charset = "UTF - 8">
5       < title >内嵌样式</title>
6       <!-- 使用内嵌样式引入 CSS -->
7       < style >
8           h3{
9               color: darkgreen;
10          }
11          div{
12              width: 150px;
13              height: 100px;
14              background - color: plum;
15          }
```

```
16        </style>
17 </head>
18 <body>
19     <h3>内嵌样式引入 CSS</h3>
20     <div></div>
21 </body>
22 </html>
```

使用内嵌样式引入 CSS3 代码的运行效果如图 4-3 所示。

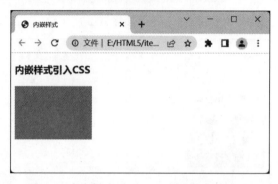

图 4-3　内嵌样式引入 CSS3 代码的运行效果

使用内嵌样式的每个页面都需要定义 CSS3 代码。如果一个网站有很多页面,则每个文件都需要设置 CSS3 样式,这会导致代码体积增大,后期维护难度加大。内嵌样式仍未实现内容与样式的完全分离,不利于后期的代码维护工作。

4.2.3　外链样式

外链样式需要将 CSS3 代码保存在扩展名为.css 的样式表中。外链样式有链接式和导入式两种方式。

1. 链接式

链接式是在 HTML5 文件中使用<link>标签引用扩展名为.css 的样式表,在 href 属性中引入 CSS3 文件路径。链接式的语法格式如下。

```
<link href = "mystyle.css(CSS 文件路径)" rel = "stylesheet" type = "text/css"/>
```

在上述语法中必须指定<link>标记的 3 个属性,其中 href 属性用于定义样式表文件的URL,URL 可以是相对路径或绝对路径;rel 用于定义当前文档与被链接文档之间的关系,该处指定为 stylesheet,表示被链接的文档是样式表文件;type 用于定义链接文档的类型,该处类型指定为 text/css,表示链接的外部文件为 CSS3 样式表。

2. 导入式

导入式是采用@import 语句导入 CSS3 样式表,需要在<head>标签中添加<style>标签,并在<style>标签中的开头处使用@import 语句,即可导入外部样式表文件。导入式的语法格式如下。

```
<style type = "text/css">
    @import url(CSS 文件路径);
</style>
```

导入式会在整个网页加载完后再加载 CSS3 文件,因此如果网页较大则会先出现页面无样式的情况,待 CSS3 文件加载完成之后,才会显示出页面的样式,这是导入式固有的一个缺陷。

虽然导入式和链接式的功能基本相同,但大多数网站都采用链接式引入外部样式表,这是因为两者的加载时间和顺序不同。当加载页面时,< link >标签引用的 CSS3 样式表会被同时加载,而@import 引用的 CSS3 样式表会在整个页面加载结束后再被加载,可能会显示无样式的页面,造成不好的用户体验。因此大多数的网站采用链接式的引入方式。

3. 演示说明

使用外链样式引入 CSS3 代码创建一个页面,具体代码如例 4-3 所示。

【例 4-3】 外链样式。

```
1   <!DOCTYPE html >
2   < html lang = "en">
3   < head >
4       < meta charset = "UTF - 8">
5       <title>外链样式</title>
6       <!-- 链接式,推荐使用 -->
7   < link type = "text/css" rel = "stylesheet" href = "style.css">
8       <!-- 导入式,不推荐使用 -->
9       < style type = "text/css">
10          @import url(style.css)
11      </style>
12  </head>
13  < body >
14      < h3 >外链样式引入 CSS </h3>
15      < div ></div >
16  </body>
17  </html>
```

在例 4-3 中引入的 style.css 文件,其代码如下。

```
1   h3{
2       color: darkgreen;
3   }
4   div{
5       width: 150px;
6       height: 100px;
7       background - color: red;
8   }
```

使用外链样式引入 CSS3 代码的运行效果如图 4-4 所示。

外链样式中的链接式实现了内容和样式的完全分离,有利于前期制作和后期代码的维护,在实际开发中推荐使用此方式。

4. 区别

链接式和导入式之间是存在区别的。链接式属于 XHTML,可优先加载 CSS 文件到页面中,是实际开发中推荐使用的方式。

导入式属于 CSS2.1 的特有形式,需优先加载 HTML 结构再加载 CSS 文件,在实际开发中不推荐使用,了解即可。

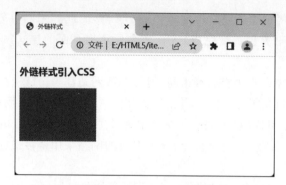

图 4-4　外链样式引入 CSS3 代码的运行效果

4.2.4　引入方式的优先级

　　CSS3 的引入方式是存在优先等级划分的。在理论上,其优先级顺序:行内样式＞内嵌样式＞链接式＞导入式。简单来说,行内样式优先于内嵌样式和外链样式,且后两者遵循就近原则决定优先级。当内嵌样式、链接式和导入式在同一个文件头部时,离相应的 HTML5 代码越近的,其优先级越高。

　　使用行内样式的引入方式添加 CSS3 代码,能够对每个标签直接设置其样式,但是这种引入方式需要逐个设置元素样式,并且在软件更新时需要逐个对标签进行样式调整,可维护性较差。

　　使用内嵌样式的引入方式添加 CSS3 代码,可以通过选择器选取所需要修改的元素,以此来改变元素的样式。此方式代码的可维护性高,极大地提升了代码的性能。

　　使用外链样式的引入方式添加 CSS3 代码,可以在不同的页面中引入同一个 CSS3 样式文件,实现在多个页面之间复用同一份 CSS3 样式。结构和表现的完全分离,使得网页的前期开发和后期维护都十分便利,同时也为代码带来更好的提升性和维护性。

4.3　CSS3 基础选择器

　　选择器也被称为选择符,可以定位 CSS3 样式所要修饰的目标,CSS3 选择器大概可分为通用选择器、标签选择器、类选择器、id 选择器、后代选择器、子代选择器、并集选择器、兄弟选择器、相邻兄弟选择器等,以及 CSS3 新增的一些选择器。接下来将详细介绍 CSS3 的各个选择器。

4.3.1　通用选择器

　　通用选择器可以把样式通用在所有的标签中,即能够选取所有元素,通过星号(＊)的方式来设置。

　　使用通用选择器选取所有元素,设置元素的颜色,具体代码如例 4-4 所示。

　　【例 4-4】　通用选择器。

```
1    <!DOCTYPE html>
2    <html lang="en">
3    <head>
```

```
4       < meta charset = "UTF - 8">
5       <title>通用选择器</title>
6       < style >
7           * {
8               color: cornflowerblue;
9           }
10      </style>
11   </head>
12   < body >
13      < h3 >CSS 选择器</h3>
14      < p >这是一个 P 标签</p>
15      < div >这是一个 div 标签</div>
16   </body>
17   </html>
```

通用选择器的运行效果如图 4-5 所示。

图 4-5　通用选择器的运行效果

需要注意的是,虽然通用选择器内的样式规则能够应用于 HTML5 文档中的所有元素,但并不建议在生产环境中过于频繁地使用通用选择器,这样会给浏览器带来太多不必要的压力。

4.3.2　标签选择器

标签选择器也被称为 tag 选择器,可直接通过具体的标签名称来匹配文档内所有同名的标签,即选取所有此类标签的元素。

使用标签选择器选取所有< p >标签,设置其颜色为粉色,具体代码如例 4-5 所示。

【例 4-5】　标签选择器。

```
1   <! DOCTYPE html >
2   < html lang = "en">
3   < head >
4       < meta charset = "UTF - 8">
5       <title>标签选择器</title>
6       < style >
7           p{
8               color: pink;
9           }
10      </style>
11   </head>
12   < body >
```

```
13        <h3>CSS选择器</h3>
14        <p>这是一个P标签</p>
15        <div>这是一个div标签</div>
16    </body>
17    </html>
```

标签选择器的运行效果如图 4-6 所示。

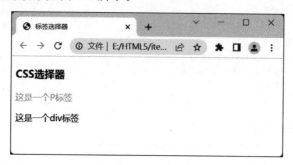

图 4-6　标签选择器的运行效果

4.3.3　类选择器

类选择器也被称为 class 选择器,可以给指定的标签设置一个 class 属性和 class 值,按照给定的 class 属性的值,选取所有匹配的元素,以".".定义。在同一个页面中,class 值可以重复出现,即可以重复利用 CSS 样式。

类选择器可以分为"单类选择器"和"多类选择器"。顾名思义,"单类选择器"就是在一个标签中只有一个 class 属性;"多类选择器"就是在一个标签中可以有多个 class 属性。

使用类选择器选取指定的标签并为其设置颜色,具体代码如例 4-6 所示。

【例 4-6】　类选择器。

```
1    <!DOCTYPE html>
2    <html lang = "en">
3    <head>
4        <meta charset = "UTF-8">
5        <title>类选择器</title>
6        <style>
7            /* 多类选择器 */
8            .info.ele{
9                color: plum;
10           }
11           /* 单类选择器 */
12           .current{
13               color: white;
14               background-color: cadetblue;
15           }
16       </style>
17   </head>
18   <body>
19       <h3>CSS选择器</h3>
20       <!-- 多类选择器 -->
```

```
21      < p class = "info ele">这是一个P标签</p>
22      < div >这是第一个 div 标签</div >
23      <!-- 单类选择器 -->
24      < div class = "current">这是第二个 div 标签</div >
25 </body>
26 </html>
```

类选择器的运行效果如图 4-7 所示。

图 4-7 类选择器的运行效果

需要注意的是,在"多类选择器"中,多个 class 属性之间是紧挨着的(如.info.ele),不需要使用空格分开。

4.3.4 id 选择器

id 选择器是可以给指定的标签设置一个 id 属性和一个 id 属性值,按照 id 属性的值选取一个与之匹配的元素,以"♯"定义。在同一个页面中,不允许出现多个相同的 id 值,就像每个人的身份证号都是唯一的一样,id 选择器也具有唯一性。

使用 id 选择器选取指定的< h3 >标签并为其设置颜色,具体代码如例 4-7 所示。

【例 4-7】 id 选择器。

```
1  <! DOCTYPE html >
2  < html lang = "en">
3  < head >
4      < meta charset = "UTF - 8">
5      < title > id 选择器</title>
6      < style >
7          ♯ caption{
8              color: darkcyan;
9          }
10     </style >
11 </head >
12 < body >
13     < h3 id = "caption">CSS 选择器</h3 >
14     <p>这是一个 P 标签</p>
15     < div >这是一个 div 标签</div >
16 </body>
17 </html >
```

id 选择器的运行效果如图 4-8 所示。

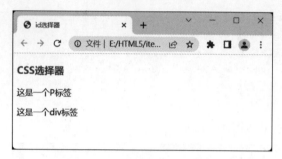

图 4-8　id 选择器的运行效果

4.3.5　后代选择器

后代选择器也被称为包含选择器,通过空格连接多个选择器,前者表示包含的祖先元素,后者表示被包含的后代元素。后代选择器的定义方式就是将标签名、class 属性或 id 属性等按照标签的嵌套关系由外到内依次罗列,中间使用空格分开。

后代选择器的示例代码如下。

```
ul li{
    color: red;
}
```

4.3.6　子代选择器

子代选择器与后代选择器类似,不过子代选择器只会匹配某个元素的直接后代(元素与其子元素之间只有一层嵌套关系)。子代选择器使用尖角号(>)连接多个选择器,前者表示要匹配的父元素,后者表示要匹配的被包含的子对象。

子代选择器的示例代码如下。

```
ol > li{
    color: blue;
}
```

4.3.7　并集选择器

并集选择器也被称为组合选择器,使用逗号(,)连接多个选择器,可同时选择多个简单选择器。并集选择器可以将同样的样式规则应用到多个选择器中,这样可以避免定义重复的样式规则,最大限度地减少 CSS 代码的冗余。

并集选择器的示例代码如下。

```
.info,.current{
    color: pink;
}
```

4.3.8　兄弟选择器

兄弟选择器会匹配同一父级元素下的兄弟元素,使用波浪号(～)连接两个选择器,前者匹配特定元素,后者根据结构关系指定其后同级所有的匹配元素。

兄弟选择器的示例代码如下。

```
.h3~div{
    color: purple;
}
```

4.3.9　相邻兄弟选择器

相邻兄弟选择器会匹配同一父级元素下指定元素紧邻的另一个元素,且两者不存在嵌套关系,使用加号(＋)连接两个选择器,前者匹配特定元素,后者根据结构关系指定同级、相邻的匹配元素。

相邻兄弟选择器的示例代码如下。

```
.h3 + p{
    color: yellow;
}
```

4.3.10　权值与优先级

CSS 选择器具有权值,权值代表着优先级,权值越大,优先级越高。同种类型的选择器权值相同,后定义的选择器会覆盖先定义的选择器。各个 CSS3 选择器的权值如下。

(1)!important 规则:最高(权值大于 1000)。

(2)行内样式:1000。

(3)id 选择器:100。

(4)类选择器:10。

(5)标签选择器:1。

(6)通用选择器:0。

需要注意的是,组合使用选择器时,其权值会进行叠加。

选择器的优先级:通用选择器＜标签选择器＜类选择器＜id 选择器＜行内样式＜!important 规则。

4.4　新增选择器

在 CSS3 中,除了 4.3 节所介绍的一些基础选择器,其又在 CSS2.1 的基础上新增了很多实用的选择器,使得操作 HTML5 元素的方式更加灵活、简单。

4.4.1　属性选择器

属性选择器是根据标签的属性来匹配元素的,使用方括号(［　］)进行标识。属性选择器及其说明如表 4-1 所示。

表 4-1　属性选择器及其说明

选　择　器	说　　明
［attribute］	用于选取带有指定属性的元素
［attribute＝value］	用于选取带有指定属性和值的元素
［attribute～＝value］	用于选取属性值中包含指定词汇的元素

选 择 器	说 明
[attribute^ = value]	匹配属性值以指定值开头的所有元素
[attribute $ = value]	匹配属性值以指定值结尾的所有元素
[attribute * = value]	匹配属性值中包含指定值的所有元素

74

使用上述属性选择器选取指定的元素,为各个不同的元素设置不同的样式,具体代码如例 4-8 所示。

【例 4-8】 属性选择器。

```
1   <!DOCTYPE html>
2   <html lang = "en">
3   <head>
4       <meta charset = "UTF - 8">
5       <title>属性选择器</title>
6       <style>
7           /* 带有指定属性 */
8           p[title]{
9               color: #e43d3d;
10          }
11          /* 带有指定属性和值 */
12          input[type = "text"]{
13              border: 2px dashed #e57c4b;
14          }
15          /* 包含指定词汇 */
16          p[class~ = "include"]{
17              color: #2f76e0;
18          }
19          /* 以指定值开头 */
20          p[class^ = "be"]{
21              color: #8cdc61;
22          }
23          /* 以指定值结尾 */
24          p[class $ = "d"]{
25              color: #8a31bd;
26          }
27          /* 包含指定值 */
28          p[class * = "a"]{
29              background - color: #ebdfa0;
30          }
31      </style>
32  </head>
33  <body>
34      <p title = "鹿柴">空山不见人,但闻人语响</p>
35      <input type = "text"  name = "user" placeholder = "请输入"><br>
36      <p class = "include">远看山有色,近听水无声</p>
37      <p class = "begin">明月松间照,清泉石上流</p>
38      <p class = "end">会当凌绝顶,一览众山小</p>
39      <p class = "contain">好雨知时节,当春乃发生</p>
40  </body>
41  </html>
```

属性选择器的运行效果如图 4-9 所示。

图 4-9 属性选择器的运行效果

4.4.2 结构伪类选择器

结构伪类选择器可根据文档结构的关系来匹配特定的元素,从而减少 HTML 元素对 id 属性和 class 属性的依赖。如想要某一个父元素下面的第 n 个子元素,则可以通过以下介绍的结构伪类选择器进行实现。

1. 结构伪类选择器 ∗-child 方式

∗-child 结构伪类选择器及其说明如表 4-2 所示。

表 4-2 ∗-child 结构伪类选择器及其说明

选 择 器	说 明
E:first-child	匹配父元素的第一个子元素
E:last-child	匹配父元素的最后一个子元素
E:nth-child(n)	按正序匹配特定子元素,括号内为数值,表示匹配属于其父元素的第 n 个子元素
E:nth-last-child(n)	按倒序匹配特定子元素,括号内为数值,表示倒序匹配属于其父元素的第 n 个子元素
E:only-child	匹配唯一子元素
E:empty	匹配空元素

需要注意的是,E:nth-child(n)选择器的参数是从 1 开始的,而不是 0。

使用 E:nth-child(n)选择器,当参数为 n 时演示其元素样式效果,具体代码如例 4-9 所示。

【例 4-9】 结构伪类选择器。

```
1   <!DOCTYPE html>
2   <html lang = "en">
3   <head>
4       <meta charset = "UTF-8">
5       <title>结构伪类选择器</title>
6       <style>
7           /∗ 选取 3 的倍数的子元素 ∗/
8           li:nth-child(3n){
9               background-color: #b4c8ef;
10          }
```

```
11          /* 选取父元素下的第 2 个子元素 */
12      li:nth-child(2){
13          color: #e73939;
14      }
15          /* 选取父元素下的第 1 个子元素 */
16      li:first-child{
17          font-size: 20px;
18      }
19      </style>
20  </head>
21  <body>
22      <ul>
23          <li>京剧</li>
24          <li>越剧</li>
25          <li>黄梅戏</li>
26          <li>评剧</li>
27          <li>豫剧</li>
28          <li>昆曲</li>
29      </ul>
30  </body>
31  </html>
```

结构伪类选择器的运行效果如图 4-10 所示。

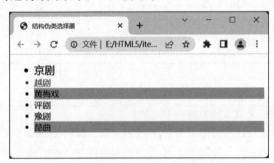

图 4-10　结构伪类选择器的运行效果

2. 结构伪类选择器 *-of-type 方式

*-of-type 结构伪类选择器及其说明如表 4-3 所示。

表 4-3　*-of-type 结构伪类选择器及其说明

选 择 器	说 明
E:first-of-type	选择同元素类型的第一个同级兄弟元素
E:last-of-type	选择同元素类型的最后一个同级兄弟元素
E:nth-of-type(n)	选择同元素类型的第 n 个同级兄弟元素
E:only-of-type	选择同元素类型中唯一的同级兄弟元素

在表 4-3 中，E:first-of-type、E:last-of-type、E:nth-of-type(n)、E:only-of-type 和第一类 *-child 的效果相同。*-of-type 选择器与 *-child 选择器不同的是 *-of-type 表示选择同元素类型同级兄弟元素，而 *-child 表示选择父元素的子元素。

通过具体案例演示 *-of-type 选择器与 *-child 选择器之间的区别，具体代码如例 4-10 所示。

【例 4-10】 *-of-type 选择器与 *-child 选择器的区别。

```
1   <!DOCTYPE html>
2   < html lang = "en">
3   < head >
4       < meta charset = "UTF-8">
5       < title >*-of-type 选择器与 *-child 选择器的区别</title>
6       < style >
7           /* 区分元素类型 */
8           p:nth-of-type(3){
9               background-color: #dfcea6;
10          }
11          /* 不区分元素类型 */
12          p:nth-child(3){
13              background-color: #92c0e5;
14          }
15      </style>
16  </head>
17  < body >
18      < p >鲁菜</p>
19      < div >川菜</div>
20      < p >苏菜</p>
21      < p >闽菜</p>
22      < p >徽菜</p>
23  </body>
24  </html>
```

*-of-type 选择器与 *-child 选择器的运行效果如图 4-11 所示。

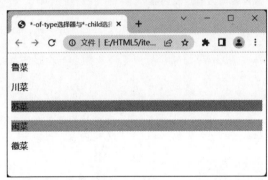

图 4-11   *-of-type 选择器与 *-child 选择器的运行效果

在例 4-10 中，*-of-type 选择器选择了同级中同元素类型的第 3 个 p 元素；而 *-child 选择器选择了父元素中的第 3 个元素。由此可看出二者之间的区别，*-child 选择器是选择父元素下的子元素（不区分元素类型）；而 *-of-type 选择器是选择父元素下某个同元素类型的子元素（区分元素类型）。

4.4.3 伪元素选择器

伪元素选择器可用于在文档中插入假象的元素。通过伪元素选择器可以设置元素指定部分的样式，主要用于设置元素内文本的首字母、首行的样式，或是在元素内容之前或之后插入其他内容。在新版本里使用":"与"::"区分伪类和伪元素。

初识 CSS3

伪元素选择器及其说明如表 4-4 所示。

表 4-4　伪元素选择器及其说明

选　择　器	说　　明
::before	在元素内容前面添加新内容,与 content 配合使用,content 的内容可以是图像和文本
::after	在元素内容后面添加新内容,与 content 配合使用,content 的内容可以是图像或文本
::first-letter	选取元素的第一个字符(首字母),用于向文本的首字母添加特殊样式
::first-line	选取元素的第一行,用于向文本的首行添加特殊样式
::selection	选取当前选中的字符,即匹配用户选择的元素部分,但改变文字结构的样式不会生效,如字号、内边距

需要注意的是,::first-letter 和::first-line 伪元素只适用于块级元素。

使用上述伪元素选择器选取指定的元素或内容,为指定的元素设置样式,具体代码如例 4-11 所示。

【例 4-11】　伪元素选择器。

```
1   <!DOCTYPE html>
2   <html lang = "en">
3   <head>
4       <meta charset = "UTF-8">
5       <title>伪元素选择器</title>
6       <style>
7           body{
8               text-align: center;
9           }
10          /* 在元素内容前面添加新内容 */
11          h2::before{
12              /* 由于在 content 内添加图片无法控制图片大小,因此使用背景图片的方式 */
13              content: '';
14              display: inline-block;          /* 转换为内联元素块 */
15              width: 30px;
16              height: 30px;
17              background: url('../images/4.png') no-repeat;
18              background-size: cover;         /* 设置背景图片尺寸 */
19              vertical-align: middle;         /* 内容垂直居中 */
20          }
21          /* 在元素内容后面添加新内容 */
22          h4::after{
23              content: '(作者:辛弃疾)';        /* 添加文本 */
24          }
25          /* 选取首字母 */
26          .text1::first-letter{
27              color: #d94b4b;
28              font-size: 18px;
29          }
30          /* 选取首行 */
31          .text2::first-line{
32              background-color: #f2e8c1;
33              font-size: 18px;
34          }
35          /* 匹配用户选择的元素部分 */
36          ::selection{
```

```
37              background - color: #a5d0ee;
38          }
39      </style>
40  </head>
41  < body >
42      < h2 >宋词</h2 >
43      < h4 >青玉案·元夕</h4 >
44      < p class = "text1">众里寻他千百度。蓦然回首,那人却在,灯火阑珊处。</p >
45      < p class = "text2">宋词是一种新体诗歌,宋代盛行的一种汉族文学体裁,标志宋代文学的
        最高成就。< br >
46          宋词始于汉,定型于唐、五代,盛于宋。宋词是中国古代汉族文学史上的文化瑰宝,与唐
        诗争奇,与元曲斗艳,历来与唐诗并称双绝,代表着一代文学之盛。</p >
47  </body >
48  </html >
```

使用伪元素选择器选取相应元素,设置其样式,以及当用户使用鼠标选中某处文本时,为该处文本添加背景颜色,运行效果如图 4-12 所示。

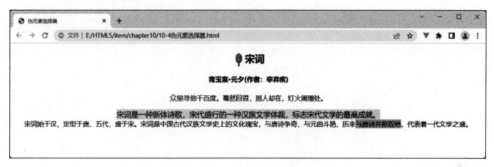

图 4-12　伪元素选择器的运行效果

4.5　本章小结

本章重点介绍 CSS3 的基础知识,如 CSS3 的行内样式、内嵌样式和外链样式 3 种引入方式,以及 CSS3 的基础选择器和新增选择器。希望通过对本章内容的分析和讲解,读者能够掌握 CSS3 的基础知识,可选择合适的 CSS3 选择器定义不同的标签样式。

4.6　习　　题

1. 填空题

(1) CSS 的 3 种样式引入方式分别为_____、_____、_____。

(2) CSS 样式引入方式的优先等级从大到小依次划分为_____、_____、链接式、_____。

(3) 属性选择器是根据_____来匹配元素的。

(4) CSS 选择器具有权值,权值代表着优先级,权值越大,优先级越_____。

2. 选择题

(1) 使用< style >标签书写 CSS 代码的是(　　　)。

A. 行内样式　　　　　B. 内嵌样式　　　　C. 链接式　　　　D. 导入式

(2) 只能选中唯一元素的选择器是(　　)。

A. 通用选择器　　　　B. 标签选择器　　　C. 类选择器　　　D. id 选择器

(3) :nth-child(2)选择的是第(　　)个元素。

A. 1　　　　　　　　B. 2　　　　　　　　C. 3　　　　　　　D. 4

(4) 以下选择器中不属于 ∗-child 类的是(　　)。

A. E:first-child 选择器　　　　　　　　B. E:nth-child 选择器

C. E:last-child 选择器　　　　　　　　D. E:first-of-type 选择器

3. 思考题

(1) 简述各个 CSS 选择器的权值及优先级。

(2) 简述 ∗-child 选择器与 ∗-of-type 选择器的区别。

第 5 章　　　　　　　　CSS3 属性

学习目标

- 掌握 CSS3 基础属性的用法。
- 了解样式的继承。
- 掌握美化"感恩母亲节"页面实例的实现方式。
- 掌握控制显示与隐藏相关属性的用法。
- 掌握"赏析宋词"实例的实现方式。

在第 4 章中介绍了 CSS3 的历史、引入方式、选择器等基础知识,在本章中将继续讲解 CSS3 的基本属性、样式继承,以及控制显示与隐藏的相关属性。

5.1　CSS3 基本属性

CSS3 属性能够设置或修改指定的 HTML5 元素的样式,如改变 HTML5 元素的字体样式、背景样式、文本样式等。

5.1.1　尺寸属性

1. 概述

CSS3 尺寸属性指的是元素的宽度和高度属性。CSS3 中提供了 width、height、max-width、min-width、max-height、min-height 等属性来设置元素的宽度和高度,这些属性虽然非常简单,但却是必须掌握的技能。

CSS3 的尺寸属性及其说明如表 5-1 所示。

表 5-1　CSS3 的尺寸属性及其说明

属　　性	说　　明
width	设置元素的宽度
height	设置元素的高度
max-width	设置元素的最大宽度
min-width	设置元素的最小宽度
max-height	设置元素的最大高度
min-height	设置元素的最小高度

在 CSS3 中,width 和 height 属性支持多种单位,其中,常用的两个单位为像素(px)和百分比(%)。像素是数字图像的基本单位,是指图像中最小的可寻址单元,通常由 RGB 三个颜色通道的值组成。像素也可以理解为一幅图像中最小的点,或者是计算机屏幕上最小的点。百分比是一个相对于父元素的单位,通常在嵌套标签中使用。

5.1.2 字体属性

1. 概述

在 CSS3 中,字体属性支持字体样式的设置,主要包括字体风格、字体粗细、字体大小、字体名称等,常用的字体属性及其说明如表 5-2 所示。

表 5-2 常用的字体属性及其说明

属　　性	说　　明
font-style	设置字体风格。属性值有 oblique(偏斜体)、italic(斜体)、normal(正常)
font-weight	设置字体粗细。属性值有 bold(粗体)、bolder(特粗)、lighter(细体)、normal(正常),以及 100～900 的数值
font-size	设置字体大小。属性值为数值,常用单位是像素(px)
font-family	设置字体名称。常用属性值有"宋体""楷体""Arial"等

字体属性(font)可以进行连写,连写顺序为字体风格(font-style)、字体粗细(font-weight)、字体大小(font-size)和字体名称(font-family),字体连写的示例代码如下。

```
font:italic bold 16px "宋体";
```

2. 演示说明

使用字体属性设置字体样式,并与默认字体样式进行对比,具体代码如例 5-1 所示。

【例 5-1】 字体属性。

```
1   <!DOCTYPE html>
2   <html lang = "en">
3   <head>
4       <meta charset = "UTF - 8">
5       <title>字体属性</title>
6       <style>
7           .box{
8               font: oblique bold 22px "楷体";      /* 设置字体样式 */
9           }
10      </style>
11  </head>
12  <body>
13      <!-- 默认样式 -->
14      <p>千磨万击还坚劲,任尔东西南北风</p>
15      <!-- 字体属性设置样式 -->
16      <p class = "box">千磨万击还坚劲,任尔东西南北风</p>
17  </body>
18  </html>
19  </html>
```

使用字体属性设置字体样式,其运行效果如图 5-1 所示。

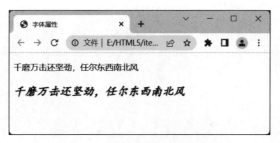

图 5-1　字体属性的运行效果

5.1.3　背景属性

1. 概述

在 CSS3 中,背景属性支持背景样式的设置,主要包括背景颜色、背景图片、背景图片的重复性、背景图片位置、背景图片滚动情况等,常用的背景属性及其说明如表 5-3 所示。

表 5-3　CSS3 中常用的背景属性及其说明

属　　性	说　　明
background-color	设置背景颜色。属性值可以是颜色的英文单词、十六进制数值或 RGB 值
background-image	把图片设置为背景。属性值是图片的绝对路径或相对路径表示的 URL
background-repeat	设置背景图片是否重复以及如何重复。属性值有 no-repeat(不重复)、repeat-x(横向平铺)、repeat-y(纵向平铺)
background-position	设置背景图片的位置。属性值有精确的数值或 top(垂直向上)、bottom(垂直向下)、left(水平向左)、right(水平向右)、center(居中)
background-attachment	设置背景图片的滚动情况。属性值有 scroll(图片随内容滚动)、fixed(图片固定)

背景属性(background)可以进行连写,连写顺序为背景颜色(background-color)、背景图片(background-image)、背景图片的重复性(background-repeat)、背景图片滚动情况(background-attachment)、背景图片位置(background-position),背景属性连写的示例代码如下。

```
background: #ccc url("image/2.jpg") repeat-x scroll center;
```

2. 演示说明

使用背景属性设置背景样式,具体代码如例 5-2 所示。

【例 5-2】　背景属性。

```
1   <! DOCTYPE html >
2   < html lang = "en">
3   < head >
4       < meta charset = "UTF-8">
5       < meta http-equiv = "X-UA-Compatible" content = "IE = edge">
6       < meta name = "viewport" content = "width = device-width, initial-scale = 1.0">
7       <title>背景属性</title>
8       < style >
9           div{
10              width: 400px;
```

```
11                height: 200px;
12                /* 设置背景图片、背景图片重复性、背景图片滚动情况 */
13                background: url(../images/sunset.png) no-repeat fixed;
14            }
15        </style>
16    </head>
17    <body>
18        <div>渔舟唱晚,响穷彭蠡之滨;雁阵惊寒,声断衡阳之浦</div>
19    </body>
20    </html>
```

使用背景属性设置背景样式,其运行效果如图 5-2 所示。

图 5-2 背景属性的运行效果

5.1.4 文本属性

1. 概述

在 CSS3 中,文本属性支持文本样式的设置,主要包括文本颜色、文本水平对齐方式、行高、文本修饰、文本转换、文本缩进等,常用的文本属性及其说明如表 5-4 所示。

表 5-4 CSS3 中常用的文本属性及其说明

属　　性	说　　明
color	设置文本颜色,属性值可以是颜色的英文单词、十六进制数值或 RGB 值
text-align	设置文本内容为水平对齐方式,属性值有 left(左对齐,默认值)、right(右对齐)、center(居中对齐)、justify(文字相对于图像对齐)
line-height	设置行高,属性值是数值,单位为像素(px)
text-decoration	用于修饰文本,属性值有 none(无修饰,默认值)、line-through(删除线)、underline(下画线)、overline(上画线)、blink(闪烁)
text-transform	用于控制文本大小写转换,属性值有 none(不转换,默认值)、capitalize(首字母大写)、uppercase(大写)、lowercase(小写)
text-indent	设置文本首行缩进,属性值有数值或 inherit(继承父元素属性)
direction	规定文本的方向,属性值有 ltr(从左到右,默认值)、rtl(从右到左)

2. 演示说明

使用文本属性设置段落文本的样式,具体代码如例 5-3 所示。

【例 5-3】 文本属性。

```
1    <!DOCTYPE html>
2    <html lang = "en">
3    <head>
4        <meta charset = "UTF-8">
5        <title>文本属性</title>
6        <style>
7            p{
8                color: #6495ED;              /* 设置文本颜色 */
9                font-size: 18px;             /* 设置字体大小 */
10               text-decoration: underline;  /* 文本修饰,添加下画线 */
11               text-indent: 32px;           /* 设置首行缩进2个字符 */
12           }
13       </style>
14   </head>
15   <body>
16       <p>问君能有几多愁?恰似一江春水向东流。</p>
17   </body>
18   </html>
```

使用文本属性设置段落的文本样式,其运行效果如图 5-3 所示。

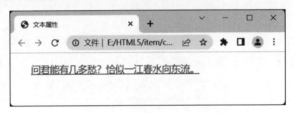

图 5-3 文本属性的运行效果

5.2 样式的继承

样式的继承是指当为一个元素设置样式时,此样式也会作用到其后代元素上,可以理解为子类元素的样式从父元素或祖先元素中继承。继承只发生在祖先元素和后代元素之间。

继承的设计是为了提高开发效率,利用继承可以将一些通用的样式统一设置到共同的祖先元素上,这样只需要设置一次样式就可以让所有的后代元素都应用该样式。但是,并不是所有的样式都会被继承,只有与元素外观(文字颜色、字体等)相关的样式会被继承,例如 color、font-size 等。而与背景、布局相关的样式一般不会被继承,例如 background、border、position 等。此种情况的解决方式是:在样式中使用 inherit 这个特别设立的值可以强行继承,明确指示浏览器在该属性上使用父元素样式中的值。接下来将通过一个案例来进行演示,具体代码如例 5-4 所示。

【例 5-4】 样式的继承。

```
1    <!DOCTYPE html>
2    <html lang = "en">
3    <head>
4        <meta charset = "UTF-8">
5        <meta http-equiv = "X-UA-Compatible" content = "IE = edge">
```

86

```
6        <title>样式的继承</title>
7        <style>
8            /* 父元素 */
9            div{
10               width: 500px;
11               height: 250px;
12               font - size : 25px;              /* 设置字体大小 */
13               color : rgb(220, 122, 84);       /* 设置字体颜色 */
14               border : 2px ♯000 solid;         /* 添加边框 */
15               text - indent: 2em;              /* 设置首行缩进 2 个字符 */
16           }
17           /* 第 2 个子元素 */
18           div>.p2{
19               border: inherit;
20           }
21       </style>
22       </head>
23       <body>
24       <div>
25           <p class = "p1">与元素外观(文字颜色、字体等)相关的样式会被继承。</p>
26           <p class = "p2">与背景、布局相关的样式一般不会被继承。</p>
27       </div>
28       </body>
29       </html>
```

运行上述代码,运行效果如图 5-4 所示。

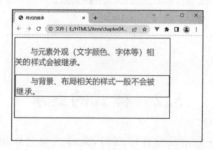

图 5-4　样式继承的运行效果

在例 5-4 中,2 个<p>子元素都继承了<div>父元素的 font-size、color 和 text-indent 属性的样式,但是没有继承 border 属性(边框)的样式。当为第 2 个<p>子元素设置 border: inherit 时,该<p>子元素才会继承<div>父元素的边框样式。

5.3　实例四：美化"感恩母亲节"页面

CSS3 可以对网页进行布局,使网页更美观、大方。通过本章的学习,可以利用 CSS3 对第 2 章中的实例一"感恩母亲节"页面进行进一步美化。结合 CSS3 引入样式、选择器、基本属性等相关知识,为该页面重新设置样式,使其更美观。

5.3.1　"感恩母亲节"页面美化后的效果图

使用 CSS3 相关技术对"感恩母亲节"页面进行进一步美化,其美化后的效果如图 5-5

所示。

图 5-5 "感恩母亲节"页面美化后的效果

5.3.2 实现"感恩母亲节"美化页面效果

1. 主体结构代码

新建一个 HTML5 文件,以外链方式在该文件中引入 CSS3 文件,具体代码如例 5-5 所示。

【例 5-5】 美化"感恩母亲节"页面。

```
1   <!DOCTYPE html>
2   <html lang = "en">
3   <head>
4       <meta charset = "UTF-8">
5       <title>美化"感恩母亲节"页面</title>
6       <link type = "text/css" rel = "stylesheet" href = "optimize.css">
7   </head>
8   <body>
9       <h3>感恩母亲节</h3>
10      <div class = "msg">
11          <span>2023.05.14    小锋贴文</span>
12      </div>
13      <hr align = "left" color = "#aaa"  >
14      <p class = "poem">
15          慈母手中线,游子身上衣<br>
16          临行密密缝,意恐迟迟归<br>
17          谁言寸草心,报得三春晖<br>
```

```
18      </p>
19      <p>
20          母亲对孩子的爱向来是深沉而伟大的,而孩子对母亲的爱也同样浓厚,正如"瞒瞒不住
    想念,酒藏不住思念"。
21      </p>
22      <div class = "photo">
23          <img src = "../images/mother.jpg" width = "350" height = "350" alt = "">
24      </div>
25      <p>不管世界有多大,妈妈永远是最美的焦点,也是回家的方向。祝所有母亲<a href =
    "https://www.baidu.com/" target = "_blank">节日快乐</a>!</p>
26  </body>
27  </html>
```

2. CSS3 代码

新建一个 CSS3 文件 optimize.css,在该文件中加入设置页面样式的 CSS3 代码,具体代码如下。

```
1   /* 使用通用选择器选取所有元素 */
2   *{
3       text - align: center;              /* 文本居中对齐 */
4   }
5   /* 使用类选择器选取 class 值为"msg"的元素,并利用样式的继承,设置其后代元素样式 */
6   .msg{
7       color: #888;                       /* 设置元素颜色 */
8       font - size: 15px;                 /* 设置字体大小 */
9   }
10  /* 使用标签选择器选取所有 p 元素 */
11  p{
12      line - height: 30px;               /* 设置行高 */
13      font - size: 18px;
14  }
15  .poem{
16      font: italic 600 20px "楷体";      /* 连写形式,设置字体的风格、粗细、大小、名称 */
17      line - height: 28px;
18  }
19  /* 使用标签选择器选取 a 元素(超链接) */
20  a{
21      color: #3162a3;
22  }
23  /* 使用超链接的伪类,当光标放到超链接上时,改变超链接文本的字体颜色和文本修饰 */
24  a:hover{
25      text - decoration: none;           /* 取消文本修饰(取消超链接的下画线) */
26      color: #c76767;
27  }
```

在上述 CSS3 代码中,使用 CSS3 基础属性对页面进行进一步美化。首先,使用 text-align 属性将网页中的文本内容设置为居中对齐方式;其次,使用 color、font 等属性设置文本内容的颜色和字体样式;最后,使用超链接的:hover 伪类,当光标放到超链接上时,改变超链接文本的字体颜色和文本修饰。

5.4 显示或隐藏属性

当想要控制页面中元素的显示或隐藏时,可以使用 CSS3 中的显示或隐藏属性。控制页面中元素的显示或隐藏的属性主要包括 display、visibility 和 overflow,除此之外,还可以通过控制元素颜色的透明度来控制元素的显示与隐藏,控制元素颜色的透明度的属性和函数主要有 opacity 属性和 rgba() 函数。本节将围绕控制元素显示或隐藏的主要属性和函数进行讲解。

5.4.1 display 属性

display 属性用于设置元素的显示方式,常用的属性值有 none、block、inline、inline-block 等。

1. none 属性值

display 属性不仅可以设置元素的显示方式,还可以用于定义建立布局时元素生成的显示框类型,当属性值为 none 时,可隐藏元素对象,并脱离标准文档流,不占据页面位置,其语法格式如下。

```
display:none;              //隐藏元素,不占用位置
```

2. block 属性值

当 display 属性的属性值为 block 时,不仅可以显示元素,还可以将元素转换为块级元素,其语法格式如下。

```
display:block;             //可显示元素,可转换为块级元素
```

3. display 属性的其他常用属性值

display 属性的其他常用属性值及其说明如表 5-5 所示。

表 5-5 display 属性的其他常用属性值及其说明

属 性 值	说　　明
inline	表示将元素转换为内联元素(行内元素)
inline-block	表示将元素转换为内联元素块(行内元素块)
list-item	表示将元素作为列表显示
run-in	表示将元素根据上下文作为块级元素或内联元素显示
table	表示将元素作为块级表格来显示
inline-table	表示将元素作为内联表格来显示
table-column	表示将元素作为一个单元格列显示
flex	表示将元素作为弹性伸缩盒显示
inherit	规定应该从父元素继承 display 属性的值

4. 演示说明

创建 3 个元素块,使用 display 属性隐藏其中的一个元素,具体代码如例 5-6 所示。

【例 5-6】 隐藏元素。

```
1   <!DOCTYPE html>
2   < html lang = "en">
```

```
3   < head >
4       < meta charset = "UTF - 8">
5       <title>隐藏元素</title>
6       < style >
7           / * 为 3 个元素块统一设置宽高 * /
8           div{
9               width: 250px;
10              height: 60px;
11          }
12          / * 为每个元素块分别设置背景颜色 * /
13          .box1{
14              background - color: #88a7da;
15          }
16          .box2{
17              background - color: #e5b7d8;
18              / * 使用 display 属性隐藏第 2 个元素块,脱离标准文档流,不占用位置 * /
19              display: none;
20          }
21          .box3{
22              background - color: #e2c8ad;
23          }
24      </style>
25  </head>
26  < body >
27      < div class = "box1">1.我有一瓢酒,可以慰风尘。</div>
28      < div class = "box2">2.勿以有限身,常供无尽愁。</div>
29      < div class = "box3">3.是非终日有,不听自然无。</div>
30  </body>
31  </html>
```

使用 display 属性隐藏第 2 个元素块,其运行效果如图 5-6 所示。

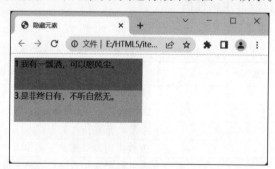

图 5-6　display 属性隐藏元素块的运行效果

使用 display 属性隐藏元素块,可使元素块脱离标准文档流,不占据页面位置。

5.4.2　visibility 属性

visibility 属性用于控制元素是否可见,不论元素是显示或隐藏,都会占据其本来的空间。visibility 属性可用于实现提示信息展示,当光标移入或移出时,会显示提示信息。

1. 语法格式

visibility 属性的值有 visible、hidden、collapse 和 inherit 等,其语法格式如下。

```
visibility:visible|hidden|collapse|inherit;
```

2. visibility 属性值

visibility 属性值及其说明如表 5-6 所示。

表 5-6 visibility 属性值及其说明

属 性 值	说 明
visible	默认值,表示元素是可见的
hidden	表示元素是不可见的,元素布局不会被改变,隐藏的元素仍会占用原有的空间,不会脱离标准文档流
collapse	可用于表格中的行、列、行组和列组,隐藏表格的行或列,并且不占用任何空间。此值允许从表中快速删除行或列,而不强制重新计算整个表的宽度和高度
inherit	规定应该从元素继承 visibility 属性的值

3. 演示说明

使用 visibility 属性隐藏元素,可将例 5-6 中的第 18、19 行代码替换为如下代码。

```
/*使用 visibility 属性隐藏第 2 个元素块,不脱离标准文档流,占用位置 */
visibility: hidden;
```

使用 visibility 属性隐藏第 2 个元素块,其运行效果如图 5-7 所示。

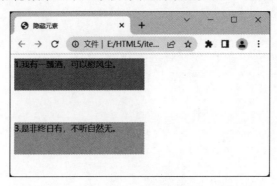

图 5-7 visibility 属性隐藏元素块的运行效果

使用 visibility 属性隐藏元素块,元素块不会脱离标准文档流,仍然占据页面位置。

5.4.3 opacity 属性

opacity 属性用于控制元素的不透明度,取值范围为 0.0~1.0,opacity 的值越低,元素越透明。opacity 的属性值为最小值,即 0 时,元素完全透明;属性值为最大值,即 1 时,元素不透明。

1. 语法格式

opacity 属性语法格式如下。

```
opacity:value|inherit;
```

若使用 opacity 属性隐藏元素块,可将例 5-6 中的第 18、19 行代码替换为如下代码。

```
/*使用 opacity 属性隐藏第 2 个元素块,使元素完全透明,达到隐藏元素的效果 */
opacity: 0;
```

使用 opacity 属性隐藏第 2 个元素块,其运行效果如图 5-8 所示。

第 5 章

CSS3 属性

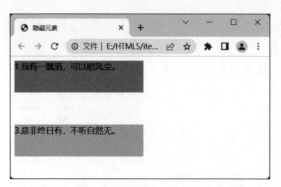

图 5-8　opacity 属性隐藏元素块的运行效果

使用 opacity 属性隐藏元素块,可使元素完全透明,达到隐藏元素的效果,但在实际开发中通常不会使用该方法隐藏元素。

2. 演示说明

opacity 属性具有元素的透明悬停效果,通常与∶hover 选择器一同使用,这样就可以在光标悬停时更改元素的不透明度,具体代码如例 5-7 所示。

【**例 5-7**】　元素透明悬停。

```
1   <!DOCTYPE html>
2   <html lang = "en">
3   <head>
4       <meta charset = "UTF - 8">
5       <meta http - equiv = "X - UA - Compatible" content = "IE = edge">
6       <meta name = "viewport" content = "width = device - width, initial - scale = 1.0">
7       <title>元素透明悬停</title>
8       <style>
9           img{
10              width: 400px;          /* 设置图片宽高 */
11              height: 280px;
12          }
13          /* 当光标悬停在图片上时 */
14          img:hover{
15              opacity: 0.5;          /* 设置图片不透明度为 0.5,即图片呈透明效果 */
16              cursor: pointer;       /* 光标悬停在图片上时,形状为手指 */
17          }
18      </style>
19  </head>
20  <body>
21      <!-- 在元素块中嵌入一张图片 -->
22      <div class = "box">
23          <img src = "../images/1.jpg" alt = "">
24      </div>
25  </body>
26  </html>
```

当光标悬停在图片上时,图片的不透明度变为 0.5,运行效果如图 5-9 所示。

需要注意的是,使用 opacity 属性为元素的背景添加不透明度时,其所有子元素都继承相同的不透明度,可能会使完全透明的元素内的文本难以阅读,此时可使用 rgba( )函数解决该问题。

图 5-9　元素透明悬停的运行效果

5.4.4　rgba() 函数

rgba 是代表 red(红色)、green(绿色)、blue(蓝色)和 alpha 的色彩空间。

1. 语法格式

rgba() 函数需要搭配颜色属性使用,语法格式与示例如下。

```
语法格式: color:rgba(red,green,blue,alpha);
示例: color:rgba(155,203,76,0.6);
```

rgba() 函数中各参数的介绍如下。

(1) red(红色),0~255 的整数,代表颜色中的红色成分。

(2) green(绿色),0~255 的整数,代表颜色中的绿色成分。

(3) blue(蓝色),0~255 的整数,代表颜色中的蓝色成分。

(4) alpha(不透明度),取值为 0~1,代表不透明度。

2. opacity 属性与 rgba() 函数控制透明度的区别

opacity 属性作用于元素和元素的内容,元素内容会继承元素的不透明度,取值为 0~1。它会使元素及其内部的所有内容一起变透明。

rgba() 函数一般作为背景色 background-color 或者颜色 color 的属性值,不透明度由其中的 alpha 值生效,取值为 0~1。它仅对当前设置的元素进行透明变换,不会影响其他元素及元素内容的不透明度。

5.4.5　overflow 属性

overflow 属性用于指定当元素的内容过大而无法放入指定区域时是剪裁内容还是添加滚动条。

1. 语法格式

overflow 属性的值有 visible、hidden、scroll、auto 和 inherit 等,其语法格式如下。

```
overflow:visible|hidden|scroll|auto|inherit;
```

2. overflow 属性值

overflow 属性值及其说明如表 5-7 所示。

表 5-7 overflow 属性值及其说明

属 性 值	说 明
visible	默认值,内容不会被裁剪,会呈现在元素框之外
hidden	内容会被裁剪,并且其余内容是不可见的
scroll	内容会被裁剪,但是浏览器会显示滚动条以便查看其余的内容(不论内容是否溢出,元素框都会添加滚动条)
auto	如果内容被裁剪,则浏览器会显示滚动条以便查看其余的内容(按情况是否添加滚动条,若内容不溢出,则元素框不会添加滚动条)
inherit	规定应该从父元素继承 overflow 属性的值

值得注意的是,overflow 属性仅适用于具有指定高度的元素块。

3. 演示说明

使用 overflow 属性设置元素内容的裁剪方式,具体代码如例 5-8 所示。

【例 5-8】 overflow 属性。

```
1   <!DOCTYPE html >
2   < html lang = "en">
3   < head >
4       < meta charset = "UTF - 8">
5       < title > overflow 属性</title >
6       < style >
7           div{
8               width: 230px;
9               height: 130px;
10              border: 2px solid #5b5a5a;        /* 添加边框 */
11              overflow: visible;                /* 设置元素内容的裁剪方式为不被裁剪 */
12          }
13          p{
14              width: 280px;
15              height: 160px;
16              background - color: rgba(229, 230, 164, 0.8); /* 设置背景颜色的不透明度 */
17          }
18      </style >
19  </head >
20  < body >
21      < div >
22          <p>抗战精神以爱国主义为核心,以救亡图存、民族解放为主题,以自强、团结、牺牲、坚
            韧为基本内涵,集中展示了中国人民天下兴亡、匹夫有责的爱国情怀,视死如归、宁死不屈的民族
            气节,不畏强暴、血战到底的英雄气概,百折不挠、坚忍不拔的必胜信念。</p>
23      </div >
24  </body >
25  </html >
```

当 overflow 属性值为 visible 时,元素内容不会被裁剪,会呈现在元素框之外,运行效果如图 5-10 所示。

当 overflow 属性值为 hidden 时,元素内容会被裁剪,并且其余内容是不可见的,可将例 5-8 中的第 11 行代码替换为如下代码。

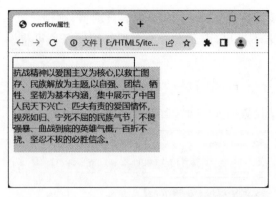

图 5-10 overflow 属性值为 visible 的运行效果

```
overflow: hidden;        /* 元素内容会被裁剪,并且其余内容是不可见的 */
```

当 overflow 属性值为 hidden 时,运行效果如图 5-11 所示。

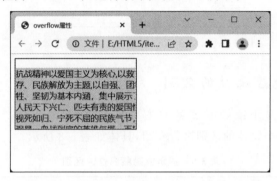

图 5-11 overflow 属性值为 hidden 的运行效果

需要注意的是,overflow:hidden 具有清除异常显示效果的功能,可用于清除浮动带来的异常影响和解决外边距塌陷的问题,在 6.1.4 节将对其进行讲解。

当 overflow 属性值为 scroll 时,元素内容会被裁剪,但是浏览器会显示滚动条以便查看其余的内容,且不论内容是否溢出,元素框都会添加滚动条。可将例 5-8 中的第 11 行代码替换为如下代码。

```
overflow: scroll;        /* 内容会被裁剪,显示滚动条 */
```

当 overflow 属性值为 scroll 时,运行效果如图 5-12 所示。

图 5-12 overflow 属性值为 scroll 的运行效果

CSS3 属性

当 overflow 属性值设置为 auto 时,如果内容被裁剪,则浏览器会显示滚动条以便查看其余的内容,元素内容若不溢出,则元素框不会添加滚动条。可将例 5-8 中的第 11 行代码替换为如下代码。

```
overflow: auto;        /* 内容自适应被裁剪,显示滚动条 */
```

当 overflow 属性值设置为 auto 时,运行效果如图 5-13 所示。

图 5-13   overflow 属性值为 auto 的运行效果

5.4.6   显示或隐藏属性的区别

前面已经讲解过显示或隐藏元素的主要属性,包括 display、visibility、overflow 和 opacity,本节将对这 4 个属性的区别进行介绍,具体如表 5-8 所示。

表 5-8   显示或隐藏属性的区别

属　　性	区　　别	用　　途
display	隐藏元素,不占用位置,脱离标准文档流	隐藏不占位的元素,例如制作下拉菜单、光标移入显示下拉菜单,应用是十分广泛的
visibility	隐藏元素,占用位置,不脱离标准文档流	常用于商品的提示信息方面,光标移入或移出有提示信息显示
overflow	只隐藏超出盒子大小的部分	可以保证盒子里的内容不会超出该盒子范围。可以清除浮动和解决边框塌陷问题
opacity	使元素完全透明,达到隐藏元素的效果	一般用于设置元素的不透明度,不建议使用此属性隐藏元素

📖拓展技能:cursor 属性

cursor 属性定义了当光标放在一个元素边界范围内时所保持的形状。cursor 的常用属性值及其说明如表 5-9 所示。

表 5-9   cursor 的常用属性值及其说明

属　性　值	说　　明
default	默认光标,通常是一个箭头
pointer	光标呈现为指示链接的指针(一只手)
text	此光标指示文本,呈现为文本竖标
help	此光标指示可用的帮助,通常是一个问号或一个气球

属 性 值	说 明
wait	此光标指示程序正忙,通常是一只表或沙漏
move	此光标指示某对象可被移动
grab	此光标指示某对象可被抓取,呈现为一个手指
grabbing	此光标指示某对象正在被抓取中,呈现为一个抓拳
crosshair	光标呈现为十字线
zoom-in	此光标指示某对象可被放大,呈现为一个放大镜
zoom-out	此光标指示某对象可被缩小,呈现为一个缩小镜

5.5 实例五：赏析宋词

相对于古体诗而言,宋词是一种新体诗歌,是宋代儒客文人的智慧精华,标志着宋代文学的最高成就。下面以宋代豪放派词人苏轼的代表作《念奴娇·赤壁怀古》为例,对其进行文学赏析。

5.5.1 "赏析宋词"页面结构简图

本实例是一篇关于《念奴娇·赤壁怀古》的宋词文学赏析页面。该页面主要由<div>元素块、<p>段落标签、<span>行内元素、<strong>标签等构成。"赏析宋词"页面结构简图如图 5-14 所示。

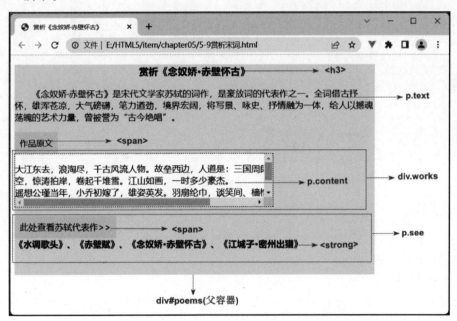

图 5-14 "赏析宋词"页面的结构简图

5.5.2 实现"赏析宋词"页面效果

1. 主体结构代码

新建一个 HTML5 文件,以外链方式在该文件中引入 CSS3 文件。首先,在<body>标签中定义<div>父容器块,并添加 id 名为 poems;其次,在父容器中添加子元素,并加入文本内容,具体代码如例 5-9 所示。

【例 5-9】 赏析宋词。

```
1  <!DOCTYPE html>
2  <html lang = "en">
3  <head>
4      <meta charset = "UTF - 8">
5      <meta http - equiv = "X - UA - Compatible" content = "IE = edge">
6      <title>赏析《念奴娇·赤壁怀古》</title>
7      <link type = "text/css" rel = "stylesheet" href = "poems.css">
8  </head>
9  <body>
10     <!-- 父容器 -->
11     <div id = "poems">
12         <h3>赏析《念奴娇·赤壁怀古》</h3>
13         <p class = "text">
14             《念奴娇·赤壁怀古》是宋代文学家苏轼的词作,是豪放词的代表作之一。全词借古
           抒怀,雄浑苍凉,大气磅礴,笔力遒劲,境界宏阔,将写景、咏史、抒情融为一体,给人以撼魂荡魄的
           艺术力量,曾被誉为"古今绝唱"。
15         </p>
16         <!-- 滚动条模块 -->
17         <span>作品原文</span>
18         <div class = "works">
19             <p class = "content">大江东去,浪淘尽,千古风流人物。故垒西边,人道是:三国
           周郎赤壁。乱石穿空,惊涛拍岸,卷起千堆雪。江山如画,一时多少豪杰。<br>
20             遥想公瑾当年,小乔初嫁了,雄姿英发。羽扇纶巾,谈笑间、樯橹灰飞烟灭。故国神
           游,多情应笑我,早生华发。人生如梦,一尊还酹江月。</p>
21         </div>
22         <!-- 隐藏模块 -->
23         <p class = "see">
24             <span>此处查看苏轼代表作>></span>
25             <strong>《水调歌头》《赤壁赋》《念奴娇·赤壁怀古》《江城子·密州出猎》</strong>
26         </p>
27     </div>
28 </body>
29 </html>
```

在上述代码中,主要有两个模块,即滚动条模块和隐藏模块,可分别实现添加滚动条、隐藏或显示元素的效果。

2. CSS 代码

新建一个 CSS3 文件为 poems.css,在该文件中加入设置页面样式的 CSS3 代码,具体代码如下。

```
1  /* 父容器 */
2  #poems{
3      width: 700px;
4      height: 400px;
5      background - color: rgb(245, 235, 234);   /* 使用 rgb()函数设置背景颜色 */
6  }
```

```
 7  h3{
 8      text - align: center;                /* 设置标题居中对齐 */
 9  }
10  p{
11      font - size: 17px;                   /* 设置段落字体大小 */
12  }
13  .text{
14      text - indent: 2em;    /* 设置该段落文本首行缩进,em 为相对长度单位,相对于当前对象
    内文本的字体尺寸,2em 相当于 2 个字体尺寸(字符) */
15  }
16  /* 滚动条模块 */
17  span{
18      display: inline - block;             /* 将<span>内联元素转换为内联元素块 */
19      padding: 10px;                       /* 设置四周内边距 */
20      background - color: rgba(234, 231, 168, 0.8);
                                             /* 使用 rgba()函数设置背景颜色的不透明度 */
21  }
22  .works{
23      width: 500px;
24      height: 100px;
25      border: 1px dashed #000;             /* 添加边框 */
26      background - color: #fff;
27      overflow: auto;                      /* 添加滚动条 */
28  }
29  .content{
30      width: 600px;                        /* 为滚动条内的子元素设置宽度 */
31  }
32  /* 隐藏模块 */
33  strong{
34      display: none;                       /* 隐藏元素 */
35  }
36  /* 当光标移到".see"元素上时,设置<strong>元素样式 */
37  .see:hover strong{
38      display: block;                      /* 显示元素 */
39  }
```

在上述 CSS3 代码中,首先,使用 rgb()函数为父容器设置背景颜色;其次,统一设置滚动条模块和隐藏模块中的<span>行内元素,使用 display 属性将其转换为内联元素块再使用 rgba()函数设置背景颜色的不透明度;最后,为滚动条模块和隐藏模块添加相应样式效果,使用 overflow 属性的 auto 值为元素添加滚动条,并使用 border 属性为滚动条添加一条虚线边框。通过 display 属性中的 none 值将隐藏模块中的<strong>元素隐藏起来,且不占据页面位置。当光标移到".see"元素上时,再通过 block 值使<strong>元素显示出来。

5.6 本 章 小 结

本章重点学习 CSS3 属性的使用,如 CSS3 的字体、背景和文本属性,以及控制元素显示或隐藏的相关属性。希望通过对本章内容的分析和讲解,读者能够使用 CSS3 属性对页面中的元素进行样式修饰。

5.7 习　　题

1. 填空题

(1) 字体属性的连写顺序为_____、_____、_____、_____。

(2) _____属性能够设置文本首行缩进。

(3) rgba 是代表 red、green、blue 和 alpha 的_____。

(4) _____属性可隐藏元素对象,并脱离标准文档流,不占用位置。

2. 选择题

(1) 用于设置元素行高的属性是(　　　)。

    A. width　　　　　　　　B. height　　　　　　　　C. max-height　　　　D. line-height

(2) 用于设置文本内容水平对齐方式的属性是(　　　)。

    A. text-indent　　　　　B. vertical-align　　　　C. text-align　　　　　D. text-shadow

(3) 下列不属于 overflow 属性的属性值是(　　　)。

    A. visible　　　　　　　B. none　　　　　　　　C. auto　　　　　　　　D. scroll

(4) color 属性用于设置文本颜色,其属性值不可以是(　　　)。

    A. RGB 值　　　　　　　　　　　　　　B. 颜色的英文单词

    C. 二进制数值　　　　　　　　　　　　D. 十六进制数值

3. 思考题

(1) 简述样式继承的优点。

(2) 简述 display、visibility、overflow 和 opacity 这 4 个属性的区别。

第6章 CSS3 布局

学习目标

- 理解盒子模型结构。
- 掌握新闻小卡片实例的实现方式。
- 掌握 CSS3 浮动属性的用法和清除浮动的 4 种方式。
- 掌握设计导航栏实例的实现方式。
- 理解 CSS3 多种定位与应用场景。
- 掌握顶部搜索框实例的实现方式。

一个完整、美观的静态网页是由 HTML5 标签和具有美化功能的 CSS3 构成的。HTML5 标签创建网页的基本布局,而 CSS3 相当于为网页"换上美丽大方的衣服"。CSS3 的盒子模型是 CSS 网页布局的基础,CSS3 的浮动与定位能够控制网页的排版,使网页的布局变得更清晰、合理。浮动与定位的使用提升了网页的页面效果,使其更多样化。本章将重点介绍 CSS3 盒子模型结构、浮动属性及定位的使用方法。

6.1　CSS3 盒子模型

CSS3 盒子模型是 CSS 网页布局的基础,可用于控制网页中各个元素的呈现效果。CSS3 盒子模型同时也是 CSS3 中的核心内容,理解这个重要的概念和掌握其各种规律和特征,才可以更好地控制网页中各个元素所呈现的效果,从而对网页进行布局。

6.1.1　盒子模型结构

在 CSS3 中,所有的元素都被一个个的"盒子"(box)包围着,理解这些"盒子"的基本原理,是使用 CSS3 实现准确布局、处理元素排列的关键。盒子模型主要用于 CSS3 设计页面布局,它规定网页元素的显示方式以及元素间的相互关系,开发者可通过 CSS3 使元素拥有像盒子一样的外形和平行空间,合理使用盒子模型进行网页布局的设计,可在很大程度上提升网页的美观度。

盒子模型结构主要由 content、padding、border 和 margin 四部分构成,其结构如图 6-1 所示。

盒子模型的 content 内容指元素块("盒子")里面所包含的文字、图片、超链接、音频、视频等,content 内容的尺寸由 CSS 的 width 和 height 这两个属性决定。

演示说明

结合盒子模型的 content 属性、padding 属性、border 属性和 margin 属性,制作两个"盒

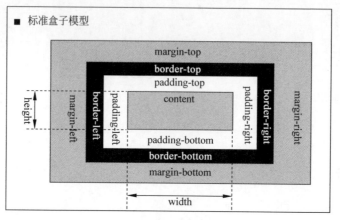

图 6-1　盒子模型结构

子",第 1 个"盒子"中只有内容,为第 2 个"盒子"添加边框、内边距和外边距,具体代码如例 6-1 所示。

【例 6-1】　盒子模型结构。

```
1   <!DOCTYPE html >
2   < html lang = "en">
3   < head >
4       < meta charset = "UTF - 8">
5       < title>盒子模型结构</title>
6       < style >
7           /* 为两个"盒子"统一设置宽、高 */
8           .box1,.box2{
9               width: 200px;
10              height: 80px;
11          }
12          /* 第 1 个"盒子" */
13          .box1{
14              background - color: #db9191;        /* 设置背景颜色" */
15          }
16          /* 第 2 个"盒子" */
17          .box2{
18              background - color: #a6d884;
19              border: 2px dashed #2f4f4f;         /* 添加边框 */
20              padding: 20px;                      /* 设置上、右、下、左 4 个方向的内边距 */
21              margin: 40px;                       /* 设置上、右、下、左 4 个方向的外边距 */
22          }
23      </style>
24  </head>
25  < body >
26      < div class = "box1">桃李不言,下自成蹊。</div>
27      < div class = "box2">时人不识凌云木,直待凌云始道高。</div>
28  </body>
29  </html>
```

盒子模型结构的运行效果如图 6-2 所示。

在例 6-1 中,第 2 个"盒子"元素的具体结构如图 6-3 所示。

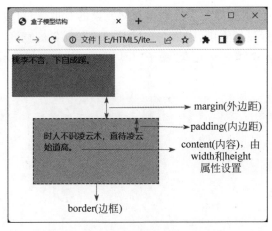

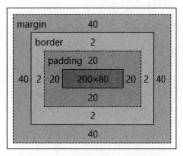

图 6-2 盒子模型结构的运行效果 　　　　图 6-3 第 2 个"盒子"元素的具体结构

6.1.2　padding 属性

padding 属性也称为填充属性,控制元素各边所对应的内边距,该属性可用于为元素的内容和边框之间添加空白或额外的空间,以改变元素的布局和外观。padding 属性可调整元素内容在容器中的位置,它的值是额外加在元素原有大小之上的,会将元素撑大。若想使元素保持原有的大小,则需要事先减去额外添加的 padding。

1. 概述

padding 属性是一个简写属性,主要包含 padding-top、padding-bottom、padding-left 和 padding-right 这 4 个子属性。padding 属性及其说明如表 6-1 所示。

表 6-1　padding 属性及其说明

属　　性	说　　明
padding	在一个声明中设置所有内边距的属性,属性值通常为像素值或百分比
padding-top	设置元素的上内边距
padding-bottom	设置元素的下内边距
padding-left	设置元素的左内边距
padding-right	设置元素的右内边距

2. 语法格式

padding 属性的值可以通过复合写法实现多种设置方式,其语法格式如下。

```
padding:上内边距 右内边距 下内边距 左内边距
padding:上内边距 左右内边距 下内边距
padding:上下内边距 左右内边距
padding:上下左右内边距
```

3. padding 属性不会撑开父元素宽度

当子元素未设置高度和宽度时,子元素的宽度会继承父元素的宽度,而高度则由子元素自身的内容撑起。此时为子元素设置垂直方向上的 padding 属性值,若子元素的内容高度与 padding 之和未超过父元素的高度,则子元素的高度不会超出父元素的高度;若子元素的内容高度与 padding 之和超过父元素的高度,则子元素的高度会超出父元素的高度。

总而言之,设置子元素的 padding 属性值不会导致子元素撑开父元素的宽度,但可以超出父元素的高度。因此一般没必要给子元素设置宽度,因为它会默认继承父元素的宽度。

下面通过案例演示说明 padding 属性不会撑开父元素"盒子",具体代码如例 6-2 所示。

【例 6-2】 padding 属性。

```
1   <!DOCTYPE html>
2   <html lang = "en">
3   <head>
4       <meta charset = "UTF - 8">
5       <title>padding 属性</title>
6       <style>
7           /* 统一设置两个父元素 */
8           .box{
9               width: 300px;
10              height: 100px;
11              border: 2px solid #333;        /* 添加边框 */
12              margin: 20px;                  /* 添加上、下、左、右,4 个方向外边距 */
13          }
14          .box1{
15              background - color: #c7ddae;   /* 设置背景颜色 */
16              padding: 12px;                 /* 添加上、下、左、右,4 个方向内边距 */
17          }
18          .box2{
19              background - color: #dccfaa;
20              padding: 36px;                 /* 添加上、下、左、右,4 个方向内边距 */
21          }
22      </style>
23  </head>
24  <body>
25      <div class = "box">
26          <div class = "box1">
27              子元素设置 padding 的值,若子元素的整体高度未超过父元素,则高度不会超出父
    元素
28          </div>
29      </div>
30      <div class = "box">
31          <div class = "box2">
32              子元素设置 padding 的值,若子元素的整体高度超过父元素,则高度会超出父元素
33          </div>
34      </div>
35  </body>
36  </html>
```

padding 属性的运行效果如图 6-4 所示。

从例 6-2 中可看出,子元素添加 padding 属性,不会影响到父元素的整体大小。子元素会默认继承父元素的宽度,当子元素添加 padding 属性时,子元素会根据自身所设置的 padding 值(只针对 padding-left 和 padding-right),自动调整自身宽度。

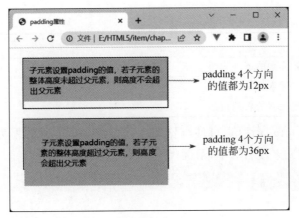

图 6-4　padding 属性的运行效果

6.1.3　border 属性

border 属性可定义一个元素的边框宽度、边框样式和边框颜色。

1. 概述

border 属性是一个简写属性，主要包含 border-width、border-style 和 border-color 这 3 个子属性。border 属性及其说明如表 6-2 所示。

表 6-2　border 属性及其说明

属　　性	说　　明
border-width	设置边框宽度，属性值为数值，常用单位为像素(px)
border-style	设置边框线样式，属性值有 none(无边框)、solid(实线)、dashed(虚线)、dotted(点状)和 double(双线)
border-color	设置边框颜色，属性值可以是颜色的英文单词、十六进制数值或 RGB 值

2. 语法格式

border 属性的 3 个边框属性可进行连写，连写顺序为边框宽度(border-width)、边框线样式(border-style)和边框颜色(border-color)。在进行边框样式的设置时，使用连写格式不仅能够提升开发者的代码编写速度，还能够提升代码的可读性，示例代码如下。

```
border: 1px solid #aaa;
```

6.1.4　margin 属性

margin 属性定义元素周围的空间，即元素与元素之间的距离。

1. 概述

margin 属性是一个简写属性，主要包含 margin-top、margin-bottom、margin-left 和 margin-right 这 4 个子属性。margin 属性及其说明如表 6-3 所示。

表 6-3　margin 属性及其说明

属　　性	说　　明
margin	在一个声明中设置所有外边距的属性，属性值通常为像素值或百分比，可以取负值
margin-top	设置元素的上外边距

续表

属　　性	说　　明
margin-bottom	设置元素的下外边距
margin-left	设置元素的左外边距
margin-right	设置元素的右外边距

margin 属性的 auto 属性值,可使浏览器自行选择一个合适的外边距。在一些特殊情况下,auto 值可以使元素左右居中,示例代码如下。

```
margin: auto;
```

或

```
margin:0 auto;        //使元素居中
```

2. 语法格式

margin 属性的值可以通过复合写法实现多种设置方式,其语法格式如下。

```
margin:上外边距 右外边距 下外边距 左外边距
margin:上外边距 左右外边距 下外边距
margin:上下外边距 左右外边距
margin:上下左右外边距
```

3. 上下外边距重叠问题

在两个相邻元素块中同时添加上下外边距时,会出现外边距重叠的问题。两个元素的上外边距(margin-top)和下外边距(margin-bottom)有时会重叠(合并)为单个边距,其大小为这两个边距中的最大值(或如果它们相等,则仅为其中一个),这种现象称为外边距重叠。简单来说,当出现外边距重叠问题时,哪个元素的 margin 值比较大,元素之间的外边距(margin 距离)就显示为该元素的 margin 值。

下面通过案例演示说明上下外边距的重叠问题。为第 1 个元素块设置下外边距为 50px,即 margin-bottom:50px;第 2 个元素块设置上外边距为 20px,即 margin-top:20px。观察两者之间的距离,具体代码如例 6-3 所示。

【例 6-3】 上下外边距重叠问题。

```
1    <!DOCTYPE html>
2    <html lang = "en">
3    <head>
4        <meta charset = "UTF-8">
5        <title>上下外边距重叠问题</title>
6        <style>
7            .box1,.box2{
8                width: 200px;
9                height: 80px;
10           }
11           .box1{
12               background-color: rgb(212, 166, 219);     /* 使用 RGB 值设置背景颜色 */
13               margin-bottom: 50px;                       /* 设置下外边距为 50px */
14           }
```

```
15          .box2{
16              background-color: rgb(228, 175, 175);
17              margin-top: 20px;   /* 设置上外边距为 20px */
18          }
19      </style>
20  </head>
21  <body>
22      <div class="box1">纵浪大化中,不喜亦不惧。</div>
23      <div class="box2">行到水穷处,坐看云起时。</div>
24  </body>
25  </html>
```

上下外边距重叠问题的运行效果如图 6-5 所示。

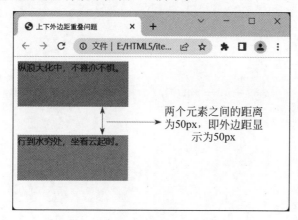

图 6-5　上下外边距重叠问题的运行效果

4. 外边距塌陷问题

当父元素没有边框时,在子元素添加 margin-top 属性之后,会带着父元素一起下沉,这便是 margin 属性的外边距塌陷问题。该问题只会出现在嵌套结构中,且只有 margin-top会有这类问题,margin 属性的其他 3 个方向是没有外边距塌陷问题的。通常使用以下 3 种方式解决 margin 的外边距塌陷问题。

1)为父元素添加 overflow 属性

将 overflow 属性值设置为 hidden,即可解决外边距塌陷问题,推荐使用。示例代码如下。

```
overflow:hidden;
```

2)为父元素添加一个边框

边框颜色推荐使用透明色,这样不会影响页面原有的整体效果,示例代码如下。

```
border:1px solid transparent;
```

3)为父元素添加 padding-top 属性

这种方式需要重新计算高度值,从而保证父元素"盒子"的大小,不推荐使用。

4)演示说明

解决 margin 属性外边距塌陷问题,具体代码如例 6-4 所示。

【例 6-4】 解决外边距塌陷问题。

```
1   <!DOCTYPE html>
2   <html lang = "en">
3   <head>
4       <meta charset = "UTF-8">
5       <title>解决外边距塌陷问题</title>
6       <style>
7           .box{
8               width: 400px;
9               height: 180px;
10              background-color: rgb(235, 227, 200);   /* 设置背景颜色 */
11              overflow: hidden;              /* 第 1 种方式,为父元素添加 overflow 属性 */
12            /* border: 1px solid transparent; 第 2 种方式,为父元素添加透明边框 */
13          }
14          .box1{
15              width: 300px;
16              height: 120px;
17              background-color: rgb(220, 177, 185);
18              margin-top: 30px;                /* 添加上外边距 */
19          }
20      </style>
21  </head>
22  <body>
23      <div class = "box">
24          <div class = "box1">
25              当父元素没有边框时,子元素添加 margin-top 属性之后,会带着父元素一起下沉,
   即出现外边距塌陷问题。<br>
26              为父元素添加 overflow 属性,即可解决外边距塌陷问题
27          </div>
28      </div>
29  </body>
30  </html>
```

解决外边距塌陷问题的运行效果如图 6-6 所示。

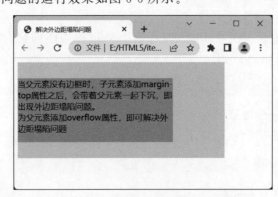

图 6-6 解决外边距塌陷问题的运行效果

若不通过为父元素添加 overflow 属性或添加透明边框的方式解决外边距塌陷问题,即删除例 6-4 中的第 11、12 行代码,则会出现外边距塌陷问题,如图 6-7 所示。

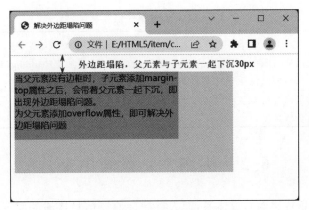

图 6-7　外边距塌陷的运行效果

6.1.5　IE 盒子模型

盒子模型可分为标准盒子模型(CSS3 盒子模型)和 IE 盒子模型(也被称为怪异盒子模型),两者都是由 content(内容)、padding(内边距)、border(边框)和 margin(外边距)4 部分构成的。IE 盒子模型结构如图 6-8 所示。

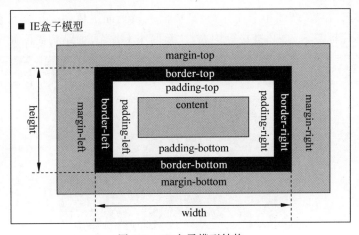

图 6-8　IE 盒子模型结构

1. 区别

标准盒子模型和 IE 盒子模型的区别在于,盒子的内容宽高的取值范围不一样。

在标准盒子模型的情况下,盒子总宽高的值为 width/height(内容宽高)+padding(内边距)+border(边框)+margin(外边距),其中内容宽高为 content 部分的 width/height。

在 IE 盒子模型的情况下,盒子总宽高的值为 width/height(内容宽高)+margin(外边距),其中内容宽高为 content 部分的 width/height+padding(内边距)+border(边框)。

2. 模型间的转换

可采用 CSS3 的 box-sizing 属性对标准盒子模型和 IE 盒子模型进行转换,box-sizing 属性定义如何计算一个元素的总宽度和总高度,计算方式的区别在于是否需要加上内边距(padding)和边框(border)等。box-sizing 属性值及其说明如表 6-4 所示。

表 6-4　box-sizing 属性值及其说明

属 性 值	说 明
content-box	默认值,计算一个元素的总宽度和总高度,需要加上 padding(内边距)和 border(边框)等,即默认采用标准盒子模型
border-box	元素内容的宽度和高度中已包含了 padding(内边距)和 border(边框),即默认采用 IE 盒子模型

6.2　实例六：新闻小卡片

　　自然界依靠信息传递而自成体系,而人类社会通过信息传递的路径实体化而形成基本的社会结构,无论是远古时代的结绳世纪,还是现代社会的大众媒体,信息的传播从根本上推动了人类社会与自然生态的不断循环和发展。新闻传播作为近现代人类社会信息传递的重要途径之一,无论从政治、经济还是文化层面上都对现代社会产生着非常巨大的影响。在现代网络技术高度发展的今天,我们要通过新闻传播来发挥现代媒体的积极作用。

6.2.1　"新闻小卡片"页面结构简图

　　本实例是关于春节"新闻小卡片"的文案页面。该页面主要由< div >元素块、< p >段落标签、< img >图片标签、< a >超链接等构成。"新闻小卡片"页面结构简图如图 6-9 所示。

图 6-9　"新闻小卡片"页面结构简图

6.2.2　实现"新闻小卡片"页面效果

1. 主体结构代码

　　新建一个 HTML5 文件,以外链方式在该文件中引入 CSS3 文件。首先,在< body >标签中定义< div >父容器块,并添加 id 名为 card;然后,在父容器中添加子元素,并加入文本内容,具体代码如例 6-5 所示。

【例 6-5】 新闻小卡片。

```
1   <!DOCTYPE html>
2   <html lang = "en">
3   <head>
4       <meta charset = "UTF-8">
5       <title>新闻小卡片</title>
6       <link type = "text/css" rel = "stylesheet" href = "news.css">
7   </head>
8   <body>
9       <!-- 父容器 -->
10      <div id = "card">
11          <img src = "../images/spring.jpg" alt = "">
12          <p class = "text">
13              家是神圣而温馨的空间,春节是家最神圣的节日。一年犹如365里路,一个个传统
    节日犹如一个个家人聚会的情感驿站,春节是其中最大的情感驿站,让我们一起奔赴春节吧!
14          </p>
15          <p>
16              <a class = "more" href = "#">查看更多</a>
17          </p>
18      </div>
19  </body>
20  </html>
```

2. CSS3 代码

新建一个 CSS3 文件 news.css,在该文件中加入设置页面样式的 CSS3 代码,具体代码如下。

```
1   /* 清除页面默认边距 */
2   *{
3       margin: 0;
4       padding: 0;
5   }
6   /* 父容器 */
7   #card{
8       width: 550px;
9       border: 1px solid #999;   /* 添加边框,设置边框宽度、线样式、颜色 */
10      margin: 10px auto;        /* 添加外边距,上、下外边距为10px,左右处于页面居中位置 */
11  }
12  img{
13      width: 100%;              /* 图片宽度为其父元素宽度的100%,可自动适应其父元素的宽度 */
14      vertical-align: middle;   /* 取消图片底部的空白间隙 */
15  }
16  /* 文本 */
17  .text{
18      padding: 25px 32px;       /* 添加内边距,上、下内边距为25px,左、右内边距为32px */
19      color: #495664;           /* 字体颜色 */
20      font-size: 17px;
21      line-height: 25px;
22  }
23  /* 超链接 */
24  .more{
25      display: inline-block;    /* 转换为内联元素块 */
26      border: 1px solid #999;   /* 添加边框 */
```

```
27        border - radius: 30px;      /* 添加圆角效果 */
28        color: #7b7373;
29        text - decoration: none;    /* 设置文本修饰,取消下画线 */
30        padding: 8px 20px;          /* 添加内边距,上、下内边距为8px,左、右内边距为20px */
31        margin: 0 32px 25px;  /* 添加外边距,上外边距为0,左、右外边距为32px,下外边距为25px */
32  }
33  /* 当光标移到超链接时 */
34  .more:hover{
35        color: #1d64a2;             /* 改变字体颜色 */
36        cursor: pointer;            /* 光标形状变为一只手 */
37  }
```

在上述 CSS3 代码中,首先,使用通用选择器进行样式重置,padding 属性和 margin 属性用于清除页面默认边距;其次,使用 border 属性和 margin 属性为父容器添加边框和外边距,再使用 padding 属性为文本添加内边距;然后,使用 display 属性将<a>超链接转换为内联元素块,使用 border-radius 属性为其添加圆角,再为其添加内边距和外边距;最后,应用超链接的:hover 伪类,当光标移入超链接时,改变超链接的字体颜色。

📖 拓展阅读:图片底部空白间隙问题

对于图片或表单等内联元素块,其底线会与父级盒子的基线对齐(即默认为 vertical-align:baseline),因此会造成图片底部有一条空白缝隙。只需将行内元素或行内元素块转换为块级元素,或将 vertical-align 属性值设置为 top、bottom 或 middle(vertical-align:top ｜ bottom ｜ middle),即可解决图片底部有空白间隙的问题。

6.3　CSS3 浮动

CSS3 浮动属于 CSS 语法中的核心部分,也是网页布局中非常重要的一个属性。CSS3 浮动会使元素向左或向右移动,其周围的元素也会重新排列,从而影响网页的布局。

6.3.1　浮动原理

CSS3 浮动是网页布局中重要的组成元素。"浮"指元素可以脱离文档流,漂浮在网页上面;"动"指元素可以偏移位置,移动到指定位置。

浮动的本质是使块级元素在同一行显示,脱离文档流,不占用原来的位置。文档流指的是元素在页面中出现的先后顺序,即元素在窗体中自上而下逐行排列,并在每行中按从左到右的顺序排放。

6.3.2　float 属性

在 CSS3 中,元素块的浮动是使用 float 属性进行设置的。设置浮动之后,元素会按指定的方向移动,直至到达父容器的边界或另一个浮动元素的边框才停止。float 属性有 none、left 和 right 这 3 个属性值,float 属性值及其说明如表 6-5 所示。

表 6-5　float 属性值及其说明

属　性　值	说　　明
none	不浮动(默认值),表示对元素不进行浮动操作,元素处于正常文档流中
left	左浮动,表示对元素进行左浮动,元素会沿着父容器靠左排列并脱离文档流
right	右浮动,表示对元素进行右浮动,元素会沿着父容器靠右排列并脱离文档流

下面通过案例演示说明元素块浮动。使用 float 属性使 4 个带有文字内容的元素块分别实现左右浮动,具体代码如例 6-6 所示。

【例 6-6】 元素块浮动。

```
1   <!DOCTYPE html>
2   <html lang = "en">
3   <head>
4       <meta charset = "UTF - 8">
5       <title>元素块浮动</title>
6       <style>
7           /* 清除页面默认边距 */
8           * {
9               margin: 0;
10              padding: 0;
11          }
12          /* 在 CSS 选择器中,标签选择器的优先级低于 id 选择器,因此此处无法使用 div 的
               标签选择器控制父容器的宽度,需要使用 id 选择器控制父容器的宽度 */
13          #box{
14              width: 100%;
15          }
16          /* 统一设置为 4 个子元素块 */
17          div{
18              width: 135px;
19              height: 60px;
20              font - size: 18px;          /* 设置字体大小 */
21              margin - right: 10px;       /* 设置右外边距 */
22          }
23          /* 设置前 2 个元素块 */
24          .box1,.box2{
25              background - color: #e8e3be; /* 设置背景颜色 */
26              float: left;                /* 设置左浮动 */
27          }
28          /* 设置后 2 个元素块 */
29          .box3,.box4{
30              background - color: #d9bef0;
31              float: right;               /* 设置右浮动 */
32          }
33      </style>
34  </head>
35  <body>
36      <div id = "box">
37          <div class = "box1">1.莫道桑榆晚,为霞尚满天</div>
38          <div class = "box2">2.万里江海通,九州天地宽</div>
39          <div class = "box3">3.昼短苦夜长,何不秉烛游</div>
40          <div class = "box4">4.但知行好事,莫要问前程</div>
```

```
41      </div>
42  </body>
43  </html>
```

元素块浮动的运行效果如图 6-10 所示。

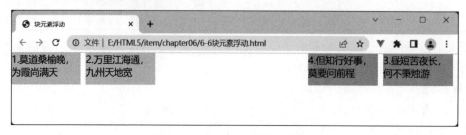

图 6-10　元素块浮动的运行效果

6.3.3　清除浮动

在使用 float 属性对元素进行浮动操作时,不会对浮动元素之前的元素造成任何影响,但元素浮动脱离正常文档流会影响到后面元素的布局,导致后续元素发生错位。

例如,在一个父元素"盒子"中,有 2 个子元素自上而下排列,若为第 1 个子元素设置浮动,则第 2 个子元素会移动到第 1 个子元素的原有位置,而第 1 个子元素会"浮"在第 2 个子元素的上方。当父元素未设置宽度和高度时,父元素的宽度和高度是由子元素决定的,因此,此时父元素的高度与第 2 个子元素的高度一样,相当于第 1 个子元素的那部分高度"消失"了,效果如图 6-11 所示。

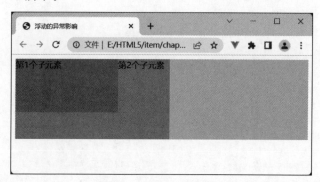

图 6-11　浮动的异常影响

为了解决浮动带来的影响,可在 CSS3 中使用 clear 属性实现清除浮动的操作。

1. clear 属性

clear 属性用于清除浮动,有 left、right 和 both 这 3 个属性值。clear 属性值及其说明如表 6-6 所示。

表 6-6　clear 属性值及其说明

属　性　值	说　　明
left	用于清除左浮动
right	用于清除右浮动
both	用于同时清除左右浮动

2. 清除浮动的方式

解决浮动带来的影响有以下 4 种方式。

（1）为父容器设置一个固定高度。

如果父容器未设置固定高度，当子元素浮动脱离文档流时，会导致父容器和子元素不在同一个层面，父容器内丢失子元素导致父容器无法被撑开，后续元素会随着父容器的缩小而向前移动。通过固定父容器高度，可以限制容器大小，不影响后续元素的位置。但高度固定的父容器不便于读者对其内容进行扩展，在实际的大型应用开发中不推荐使用此方式。

（2）为父容器添加一个 overflow 属性。

将 overflow 属性的值设为 hidden（对溢出内容进行修剪）或 scroll（对元素设置滚动条），可以清除浮动带来的影响。但 overflow 属性会对溢出的元素进行隐藏或添加滚动条，在实际开发中不推荐使用此方式。

（3）为父容器添加一个空标签。

在父容器中添加一个类名为 clear 的空标签，再利用 clear 属性清除浮动，这种方式使空标签保持在正常位置，同时父容器和空标签在同一个层面上，父容器会被空标签撑开，示例代码如下。

```
< style >
    .clear{
            clear:both;
    }
</style>
< body >
< div id == "photo">
    ...
    < div class = "clear"></div >
</div >
</body >
```

此种方式十分巧妙，但需要在页面中多添加一个标签元素，造成代码的冗余，不利于后期对代码的维护，因此在实际开发中不推荐使用此方式。

（4）使用伪元素（::after）清除浮动。

after 伪元素是对空标签方式的一种优化，在父容器中添加一个 class 类名（如 clearfix），然后使用 CSS 中的 content 属性为 HTML 标签添加一个空内容，相当于添加一个空标签。该空标签默认为内联元素，再将 display 属性的值设为 block，使其转换为块级元素，该空标签便默认具备块级元素的特点，然后使用清除浮动的方式使其撑开父容器。

伪元素清除浮动的示例代码如下。

```
< style >
    .clearfix::after{
        content: "";
        display: block;
        clear: both;
    }
</style>
```

此种方式易于后期维护，是实际开发中清除浮动的常用方式。

115

第6章

6.4 实例七：设计导航栏

导航栏是指位于页面顶部或者侧边区域的,在页眉横幅图片上方或下方的一排水平导航按钮,它起着链接站点或者软件内的各个页面的作用。网站使用导航栏是为了让访问者更清晰方便地找到所需要的资源区域,从而获取资源。一个精美的导航栏可使网站更具美观性。

6.4.1 "设计导航栏"页面结构简图

本实例是在页面中设计一个导航栏。该页面主要由< div >元素块、< ul >无序列表、< a >超链接等构成。当光标移动到某一个项目列表上时,该项目列表的背景颜色和文字颜色会发生改变。"设计导航栏"的页面结构简图如图 6-12 所示。

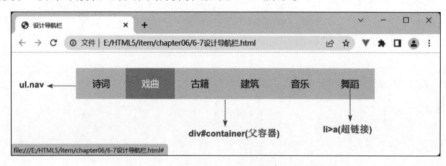

图 6-12 "设计导航栏"的页面结构简图

6.4.2 实现"设计导航栏"页面效果

1. 主体结构代码

新建一个 HTML5 文件,以外链方式在该文件中引入 CSS3 文件。首先,在< body >标签中定义< div >父容器块,并添加 id 名为 container;其次,在父容器中添加子无序列表用于制作导航栏菜单;最后,在每一个项目列表中分别添加一个< a >超链接,用于跳转到对应的网页或地址。具体代码如例 6-7 所示。

【例 6-7】 设计导航栏。

```
1   <!DOCTYPE html >
2   < html lang = "en">
3   < head >
4       < meta charset = "UTF - 8">
5       <title>设计导航栏</title>
6       < link type = "text/css" rel = "stylesheet" href = "float.css">
7   </ head >
8   < body >
9       <!-- 父容器 -->
10      < div id = "container">
11          <!-- 导航菜单 -->
12          < ul class = "nav clearfix">
13              <!-- 列表项目 -->
```

```
14          <li><a href = "♯">诗词</a></li>
15          <li><a href = "♯">戏曲</a></li>
16          <li><a href = "♯">古籍</a></li>
17          <li><a href = "♯">建筑</a></li>
18          <li><a href = "♯">音乐</a></li>
19          <li><a href = "♯">舞蹈</a></li>
20        </ul>
21      </div>
22   </body>
23   </html>
```

2. CSS3 代码

新建一个 CSS3 文件 float.css,在该文件中加入设置页面样式的 CSS3 代码,具体代码如下。

```
1   /* 取消页面默认边距 */
2   * {
3       margin: 0;
4       padding: 0;
5   }
6   /* 父容器 */
7   #container{
8       width: 600px;
9       margin: 30px auto;              /* 添加外边距,auto 值可以使元素左右居中 */
10  }
11  /* 导航菜单 */
12  nav{
13      width: 600px;
14      height: 60px;
15      list - style: none;            /* 取消列表标记 */
16      background - color: ♯e8daeb;   /* 添加背景颜色 */
17  }
18  /* 使用伪元素清除浮动 */
19  .clearfix::after{
20      content: "";
21      display: block;
22      clear: both;
23  }
24  /* 项目列表 */
25  .nav > li{
26      width: 100px;
27      height: 60px;
28      line - height: 60px;           /* 行高与列表高的值相同,可使元素中的内容垂直居中 */
29      text - align: center;          /* 文本左右方向居中 */
30      float: left;                   /* 设置元素向左浮动 */
31  }
32  /* 超链接 */
33  a{
34      text - decoration: none;       /* 设置文本修饰,取消下画线 */
35      font - size: 18px;             /* 字体大小 */
36      color: ♯252729;                /* 字体颜色 */
37  }
38  /* 当光标移动到项目列表上时,改变其背景颜色 */
```

```
39 li:hover{
40     background-color: #e0a8a8;
41 }
42 /* 当光标移动到项目列表上时,改变超链接的字体颜色 */
43 li:hover a{
44     color: #fff;
45 }
```

在上述 CSS3 代码中,首先,使用通用选择器进行样式重置,使用 padding 属性和 margin 属性清除页面默认边距;其次,使用 margin 属性为父容器添加外边距;再次,使用 list-style 属性取消无序列表的列表标记,再使用 float 属性为项目列表设置向左浮动,同时使用伪元素清除浮动带来的影响;最后,使用超链接的:hover 伪类,当光标移动到超链接时,改变项目列表的背景颜色和超链接的字体颜色。

6.5 CSS3 定位

在 CSS3 中,通过 CSS3 定位可以实现网页元素的精确定位。定位可设置元素所处的位置,使其脱离正常文档流,改变当前位置。CSS3 定位和 CSS3 浮动类似,均可控制网页布局,但 CSS3 定位更具灵活性,可服务于更多个性化的布局方案。在设计网页布局时,灵活使用这两种布局方式能够创建多种高级而精确的布局。

6.5.1 定位属性

在制作网页时,可以使用 CSS3 的定位属性将一个元素精确地放在页面指定位置上。元素的定位属性由定位模式和位置属性两部分构成。

1. 定位模式

在 CSS3 中,position 属性用于定义元素的定位模式,有 4 个常用属性值为 static、relative、absolute 和 fixed,分别对应 4 种定位方式,即静态定位、相对定位、绝对定位和固定定位,如表 6-7 所示。

表 6-7 position 属性值及其说明

属 性 值	说 明
static	静态定位(默认定位方式)
relative	相对定位,相对于其原文档流的位置进行定位
absolute	绝对定位,相对于最近的已定位的祖先元素进行定位
fixed	固定定位,相对于浏览器窗口进行定位

在表 6-7 中,静态定位是 CSS3 的默认定位方式,其 position 属性值为 static,可将元素定位于静态位置,此时元素不会以任何特殊方式进行定位。静态定位的元素不受 top、bottom、left 和 right 位置属性的影响,始终根据页面的标准流进行定位。在默认状态下,任何元素都会以静态定位来确定位置。因此,不设置 position 定位属性时,元素会遵循默认值显示为静态位置。

2. 位置属性

在网页中定义了元素的定位方式之后,并不能确定元素的具体位置,需要配合位置属性来精确设置定位元素的具体位置。位置属性共有 4 个,包括 top、bottom、left 和 right。这 4 个位置属性可以取值为不同单位(如 px、mm、rems)的数值或百分比,位置属性及其说明如表 6-8 所示。

表 6-8　位置属性及其说明

位　置　属　性	说　　明
top	顶部偏移量
bottom	底部偏移量
left	左侧偏移量
right	右侧偏移量

6.5.2　相对定位

相对定位的元素是相对于其原文档流的位置进行定位的,其 position 属性值为 relative。相对定位的元素会以自身位置为基准设置位置,即根据 left、right、top、bottom 等位置属性在标准文档流中进行位置偏移。相对定位不会对其余内容进行调整来适应元素留下的任何空间,移动的元素仍然占用原本的位置。

1. 相对定位的特性

相对定位有以下 3 个特性。

(1)相对于自身的初始位置来定位。

(2)元素位置发生偏移后,仍占用原来的位置,位置空间会被保留下来。

(3)层级提高,可以覆盖标准文档流中的元素及浮动元素。

2. 使用场景

相对定位一般情况下很少单独使用,可以配合绝对定位使用,通常作为绝对定位的元素的父元素,而又不设置偏移量,也就是所谓的"子绝父相"。

3. 演示说明

创建 3 个元素块,并对其中 1 个元素进行相对定位,然后观察它们的位置变化,具体代码如例 6-8 所示。

【例 6-8】　相对定位。

```
1   <!DOCTYPE html>
2   <html lang = "en">
3   <head>
4       <meta charset = "UTF-8">
5       <title>相对定位</title>
6       <style>
7           /* 为3个元素块统一设置宽高 */
8           div{
9               width: 280px;
10              height: 45px;
11          }
12          /* 为每个元素块分别设置背景颜色 */
13          .box1{
14              background-color: #c4ea92;
15          }
16          .box2{
```

119

第 6 章

```
17              background - color: #e3aab1;
18              position: relative;   /* 为第 2 个元素块设置相对定位 */
19              left: 200px;          /* 根据左上角位置距离左侧偏移 200px,向右移动 */
20              top: 160px;           /* 根据左上角位置距离顶部偏移 160px,向下移动 */
21          }
22          .box3{
23              background - color: #e4d3a0;
24          }
25      </style>
26 </head>
27 < body >
28      < div class = "box1"> 1.欲寄彩笺兼尺素,山长水阔知何处</div>
29      < div class = "box2"> 2.伤心桥下春波绿,曾是惊鸿照影来</div>
30      < div class = "box3"> 3.借问梅花何处落,风吹一夜满关山</div>
31 </body>
32 </html>
```

相对定位的运行效果如图 6-13 所示。

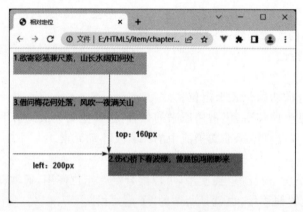

图 6-13　相对定位的运行效果

相对定位的元素在标准文档流中仍占据原有的位置空间,其位置属性是根据元素左上角的位置进行偏移的。例如在例 6-8 中,元素首先根据左上角的位置距离左侧偏移 200px(向右移动),然后距离顶部偏移 160px(向下移动)。

6.5.3　绝对定位

绝对定位的元素是相对于最近的已定位的祖先元素进行定位的,若祖先元素未进行定位,则会按照文档主体(body)的左上角进行定位,并随页面滚动一起移动。绝对定位的 position 属性值为 absolute。绝对定位的元素会根据 left、right、top、bottom 等位置属性相对于已定位祖先元素进行位置偏移,类似于坐标值定位。绝对定位的元素在标准文档流中的位置会被删除,不再占据位置空间。

1. 绝对定位的特性

绝对定位有以下 4 个特性。

(1) 绝对定位是相对于最近的已定位的祖先元素位置进行定位的,如果祖先元素没有设置定位,则相对文档主体(body)的左上角来定位。

(2) 元素位置发生偏移后,不会占用原来的位置。

（3）元素层级提高，可以覆盖标准文档流中的其他元素及浮动元素。

（4）绝对定位的元素会脱离文档标准流。

2．绝对定位的使用场景

在一般情况下，绝对定位可用于下拉菜单、弹出数字气泡、焦点图轮播、信息内容显示等场景。

绝对定位可将元素定位到网页的正中心，示例代码如下。

```
#box{
        position: absolute;             /* 为该元素设置绝对定位方式 */
        left: 0;                        /* 设置上、下、左、右 4 个位置属性的值为 0 */
        right: 0;
        top: 0;
        bottom: 0;
        margin: auto;                   /* 设置外边距值为 auto */
}
```

3．演示说明

在 1 个父级元素块中包含 3 个子级元素块，父级元素块设置相对定位，其中 1 个子级元素块设置绝对定位，然后观察它们的位置变化，具体代码如例 6-9 所示。

【例 6-9】 绝对定位。

```
1    <!DOCTYPE html>
2    <html lang = "en">
3    <head>
4        <meta charset = "UTF - 8">
5        <title>绝对定位</title>
6        <style>
7            /* 为 3 个子级元素块统一设置宽高 */
8            div{
9                width: 280px;
10               height: 50px;
11           }
12           /* 设置父元素 */
13           #box{
14               width: 550px;
15               height: 250px;
16               border: 1px solid #999;           /* 添加边框 */
17               background - color: #faf9f3;
18               position: relative;               /* 为父元素设置相对定位 */
19           }
20           /* 为子级元素块分别设置背景颜色 */
21           .box1{
22               background - color: #b78cf0;
23           }
24           .box2{
25               background - color: #e29494;
26               position: absolute;               /* 为第 2 个元素块设置绝对定位 */
27               right: 150px ;                     /* 在父元素右侧，向左偏移 150px */
28               bottom: 50px;                      /* 在父元素底部,向上偏移 50px */
29           }
30           .box3{
```

```
31                  background - color: #a6cfe7;
32              }
33          </style>
34      </head>
35      <body>
36          <div id = "box">
37              <div class = "box1">1.莫愁已去无穷事,漫苦如今有限身</div>
38              <div class = "box2">2.得即高歌失即休,多愁多恨亦悠悠</div>
39              <div class = "box3">3.万物静观皆自得,四时佳兴与人同</div>
40          </div>
41      </body>
42  </html>
```

绝对定位的运行效果如图 6-14 所示。

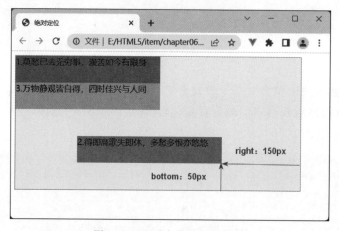

图 6-14   绝对定位的运行效果

绝对定位的元素不在标准文档流中,不占据原有的位置空间。元素设置绝对定位时,位置属性是根据已定位的祖先元素进行位置偏移的。例如在例 6-9 中,类似于坐标值定位,元素首先在父元素的右侧向左偏移 150px,然后在父元素的底部向上偏移 50px。

6.5.4 固定定位

固定定位的元素是相对于浏览器窗口进行定位的,设置固定定位的元素不会因浏览器窗口的滚动而移动。固定定位的 position 属性值为 fixed。固定定位的元素会以浏览器窗口为基准设置位置,即根据 left、right、top、bottom 等位置属性相对于浏览器窗口进行位置偏移,即使滚动页面,该元素也始终位于同一位置。但是,一旦元素被定位到浏览器窗口的可见视图之外,就不能被看见了。

1. 固定定位的特性

固定定位有以下 3 个特性。

(1) 元素相对于浏览器窗口来定位。

(2) 偏移量不会随滚动条的滚动而移动。

(3) 元素不占用原来的位置空间。

2. 固定定位的使用场景

在一般情况下,固定定位在网页中可用于窗口左右两边的固定广告、返回顶部图标、固定顶部导航栏等。

3. 演示说明

在1个父级元素块中有2个子元素块,其中1个子级元素块设置固定定位,然后观察它们的位置变化,具体代码如例6-10所示。

【例6-10】 固定定位。

```
1   <!DOCTYPE html>
2   <html lang = "en">
3   <head>
4       <meta charset = "UTF-8">
5       <meta http-equiv = "X-UA-Compatible" content = "IE=edge">
6       <meta name = "viewport" content = "width=device-width, initial-scale=1.0">
7       <title>固定定位</title>
8       <style>
9           /* 设置父元素 */
10          #box{
11              width: 350px;
12              height: 150px;
13              background-color: #edf3f7 ;          /* 设置背景颜色 */
14              border: 1px solid #999;              /* 设置边框 */
15          }
16          /* 统一设置2个子元素的宽高 */
17          .box1,.box2{
18              width: 280px;
19              height: 50px;
20          }
21          .box1{
22              background-color: #e3e3ac;
23              position: fixed;                     /* 为第1个子元素设置固定定位 */
24              right: 25px;                         /* 距离浏览器窗口右侧25px */
25              bottom: 15px;                        /* 距离浏览器窗口底部15px */
26          }
27          .box2{
28              background-color: #e98677;
29          }
30      </style>
31  </head>
32  <body>
33      <div id = "box">
34          <div class = "box1">1.砥砺前行,繁荣昌盛</div>
35          <div class = "box2">2.以国家之务为己任</div>
36      </div>
37  </body>
38  </html>
```

固定定位的运行效果如图6-15所示。

固定定位的元素不会占据原有的位置空间。元素设置固定定位时,位置属性是根据浏览器窗口进行位置偏移的。例如在例6-10中,不论浏览器窗口大小如何变化,元素始终定位在距离浏览器窗口右侧25px、底部15px的位置。

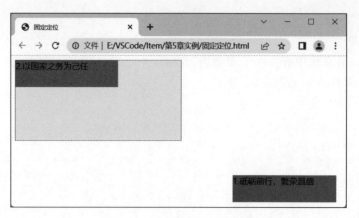

图 6-15　固定定位的运行效果

6.5.5　z-index 属性

z-index 是网页显示中的一个特殊属性,计算机显示器通常显示的是一个使用 x 轴和 y 轴来表示位置属性的二维平面图案。为了表示三维立体的概念,CSS 在元素显示的上下层叠加顺序中,引入了 z-index 属性来表示 z 轴(显示屏方向),从而表示一个元素在叠加顺序上的上下立体关系。

z-index 属性设置元素的堆叠顺序,拥有更高堆叠顺序的元素总是会处于堆叠顺序较低的元素前面。z-index 属性适用于具有定位元素的模式。当多个元素添加定位操作时,可能会出现叠加情况,此时可以使用 z-index 属性来确定定位元素在垂直于显示屏方向上的层叠顺序。z-index 属性的属性值及其说明如表 6-9 所示。

表 6-9　z-index 属性值及其说明

属　性　值	说　　　　明
auto	默认值,堆叠顺序与父元素相等
number(数值)	设置元素的堆叠顺序,数值可为负数。z-index 值较大的元素将叠加在 z-index 值较小的元素之上

对于未指定 z-index 属性的定位元素,z-index 值为正数的元素会在该元素之上,而 z-index 值为负数的元素会在该元素之下。

6.6　实例八：顶部搜索框

搜索框是一种常见的交互控件,用于精准提取海量信息中的内容。搜索框几乎存在于所有的网站和 App 中,尤其是以海量内容为导向的产品之中,例如电商类网站、音乐库等。

6.6.1　"顶部搜索框"页面结构简图

本实例是制作一个含有顶部搜索框的页面。该页面主要由< div >元素块、< a >超链接和< input >表单中的文本框控件构成。"顶部搜索框"页面结构简图如图 6-16 所示。

图 6-16 "顶部搜索框"页面结构简图

6.6.2 实现"顶部搜索框"页面效果

1. 主体结构代码

新建一个 HTML5 文件,以外链方式在该文件中引入 CSS3 文件。首先,在< body >标签中定义< div >父容器块,并添加 id 名为 container;然后,在父容器中添加 1 个< div >子元素作为顶部搜索框模块,并添加 class 名为 search。顶部搜索框模块由 3 部分组成,即搜索图标、输入框和扫一扫。具体代码如例 6-11 所示。

【例 6-11】 顶部搜索框。

```
1   <!DOCTYPE html>
2   <html lang = "en">
3   <head>
4       <meta charset = "UTF - 8">
5       <title>顶部搜索框</title>
6       <link type = "text/css" rel = "stylesheet" href = "position.css">
7   </head>
8   <body>
9       <!-- 父容器 -->
10      <div id = "container">
11          <!-- 顶部搜索框模块 -->
12          <div class = "search">
13              <!-- 搜索图标 -->
14              <a href = "#" class = "look"></a>
15              <!-- 输入框 -->
16              <div class = "text">
17                  <form action = "">
18                      <input type = "search" value = "历史古籍">
19                  </form>
20              </div>
21              <!-- 扫一扫 -->
22              <a href = "#" class = "sweep"></a>
23          </div>
24      </div>
```

```
25  </body>
26  </html>
```

2. CSS 代码

新建一个 CSS3 文件 position.css,在该文件中加入设置页面样式的 CSS3 代码,具体代码如下。

```
1   /* 取消页面默认边距 */
2   * {
3       margin: 0;
4       padding: 0;
5   }
6   /* 父容器 */
7   #container{
8       width: 600px;
9       height: 320px;
10      background: url("../images/bj.png") no-repeat;    /* 添加背景图片 */
11      background-size: 100% 100%;                        /* 设置背景图片尺寸 */
12      margin: 0 auto;                                    /* 添加外边距 */
13  }
14  /* 顶部搜索框 */
15  .search{
16      width: 520px;
17      height: 46px;
18      background-color: #f1efca;
19      position: fixed;        /* 添加固定定位,将其固定在浏览器窗口的最顶部中心位置 */
20      top: 0;
21      left: 50%;                                     /* 距离左侧偏移 50% */
22      transform: translateX(-50%);                   /* 向左位移自身 50% 宽度 */
23      border-radius: 30px;                           /* 添加圆角 */
24  }
25  /* 搜索图标 */
26  .search .look{
27      display: inline-block;                         /* 转换为内联元素块 */
28      width: 24px;
29      height: 24px;
30      margin: 11px 30px;
31      background: url("../images/glass.png") no-repeat;  /* 添加背景图片 */
32      background-size: 24px 24px;                        /* 设置背景图片尺寸 */
33  }
34  /* 输入框的父元素 */
35  .search .text{
36      width: 350px;
37      height: 30px;
38      position: absolute;          /* 添加绝对定位,将其定位在其父元素的正中心位置 */
39      left: 0;
40      right: 0;
41      top: 0;
42      bottom: 0;
43      margin: auto;
44      border-radius: 8px;                    /* 添加圆角 */
45      overflow: hidden;                      /* 消除添加圆角之后的异常问题 */
46  }
```

```
47 /* 输入框 */
48 .search .text input{
49     width: 100%;
50     height: 100%;
51     position: absolute;          /* 添加绝对定位 */
52     top: 0;
53     left: 0;
54     outline: none;               /* 取消单击文本框时的边框效果 */
55     border: 0;                   /* 取消边框 */
56     font - size: 15px;
57 }
58 /* 扫一扫 */
59 .search .sweep{
60     display: inline - block;
61     width: 24px;
62     height: 24px;
63     position: absolute;          /* 添加绝对定位 */
64     top: 11px;
65     right: 30px;
66     background: url("../images/sao.png") no - repeat;
67     background - size: 25px 25px;
68 }
```

在上述 CSS3 代码中,首先,为父容器添加背景图片并设置背景图片尺寸;其次,为顶部搜索框模块设置添加固定定位,将其固定在浏览器窗口的最顶部中心位置;然后,为输入框的父元素设置绝对定位,将其定位在其父元素的正中心位置,同时,也为输入框设置绝对定位,使其与父元素位于同一位置;最后,使用绝对定位将"扫一扫"定位到相应的位置。

在"顶部搜索框"实例中,可以使用 Flex 布局快速实现搜索框的排版布局,操作步骤会更简单,在第 12 章中将会对 Flex 布局进行详细讲解。

6.7　本 章 小 结

本章重点讲解 CSS3 盒子模型的结构与用法、CSS3 浮动与 CSS3 定位的使用方法。通过本章的学习,可使读者理解 CSS 盒子模型的概念和用法,这将对后续的布局操作有很大的帮助;同时,掌握 CSS3 浮动与 CSS3 定位能够更好地对网页进行排版。

6.8　习　　　题

1. 填空题

(1) 盒子模型的结构主要由_____、_____、_____和_____ 4 部分构成。

(2) border 属性是_____、_____和_____属性的简写。

(3) 定位属性有_____、_____、_____和_____ 4 种定位方式。

(4) 浮动的本质是使块级元素在同一行显示,脱离_____,_____原来的位置。

(5) 位置属性有_____、_____、_____和_____。

2. 选择题

(1) 相对于其原文档流的位置进行定位的是(　　　)。

A. 静态定位   B. 绝对定位   C. 相对定位   D. 固定定位

(2) 下列不属于 clear 属性的属性值是(　　　)。

    A. both   B. none   C. right   D. left

(3) 可以提高元素层级的属性是(　　　)。

    A. opacity   B. z-index   C. cursor   D. display

(4) z-index 值为下列值时,层级最高的是(　　　)。

    A. 1   B. 2   C. 3   D. 4

(5) CSS 样式中 padding 属性书写不正确的是(　　　)。

    A. 两个值代表的填充顺序为上下填充、左右填充

    B. 一个值代表的填充为四边填充

    C. 三个值代表的填充顺序为左填充、上下填充、右填充

    D. 四个值代表的填充顺序为上填充、右填充、下填充、左填充

3. 思考题

(1) 简述清除浮动的 4 种方式。

(2) 简述绝对定位的应用场景。

(3) 简述标准盒子模型和 IE 盒子模型的区别。

第7章　HTML5 新增标签与属性

学习目标

- 掌握 HTML5 新增标签的用法。
- 掌握 HTML5 新增属性的用法。
- 掌握中国戏曲介绍实例的实现方式。

HTML5 是 HTML 这门语言的第 5 个版本,也是目前主流的版本,提供了很多新功能和新特性。本章将对 HTML5 新增标签与属性进行全面的讲解。

7.1　HTML5 新增标签

在 HTML5 新规范中,新增了一些便于使用的标签。新增标签可分为结构标签、媒体标签、表单控件标签和其他标签 4 类。接下来将对这 4 类新标签进行详细讲解。

7.1.1　结构标签

在 HTML5 结构标签出现之前,网页的布局结构通常采用< div >标签来实现。而如今可以采用 HTML5 提供的结构标签对网页进行布局,这些结构标签通常都具有语义化,因此更加有利于搜索引擎的优化。W3C 推荐使用此方式进行开发,并计划在未来将逐步使用结构标签取代< div >标签实现页面布局。

1. 概述

结构标签是具有语义的元素,能清楚地向浏览器和开发者描述其意义。HTML5 提供了定义页面不同区域的结构标签,包括< header >、< nav >、< section >、< article >、< aside >、< footer >等。结构标签示意图如图 7-1 所示。

新增的结构标签使得页面的内容结构化,具体说明如表 7-1 所示。

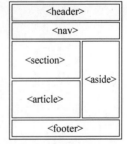

图 7-1　结构标签示意图

表 7-1　结构标签及其说明

结 构 标 签	说　　　明
< header >	定义文档的头部区域,描述网页结构中的页眉部分,包含布局中的头部信息
< nav >	定义文档的导航,描述页面的导航结构部分
< hgroup >	用于对网页或区段的标题进行组合,即一个标题和一个子标题,或者标语的组合
< article >	定义页面独立的内容区域,描述独立的内容部分,可包含其他语义化标签

续表

结 构 标 签	说　　明
< section >	定义文档中的节、区段,描述页面上的版块,划分页面上的不同区域
< figure >	用于描述图像或视频,其子标签< figcaption>用于描述图像或视频的标题部分
< aside >	定义页面的侧边栏内容,一般用于辅助信息或侧边栏
< footer >	定义文档的尾部区域,包含布局中的尾部信息

2. 演示说明

使用上述结构标签实现网页布局,并展示其布局效果,具体代码如例 7-1 所示。

【例 7-1】 结构标签。

```
1    <!DOCTYPE html>
2    <html lang = "en">
3    <head>
4        <meta charset = "UTF - 8">
5        <title>结构标签</title>
6        <style>
7            #main {
8                width: 480px;
9                margin: 0 auto;              /* 添加外边距,auto 值可以使元素左右居中 */
10               color: white;
11               font - weight: bold;         /* 字体加粗 */
12           }
13           /* 页眉 */
14           header {
15               height: 170px;
16               background: #e73a3a;
17               padding: 10px 0;
18           }
19           /* 导航 */
20           nav li {
21               float: left;                 /* 设置向左浮动 */
22               margin - right: 100px;
23               list - style: none;          /* 取消列表标记 */
24           }
25           /* 描述独立的内容部分 */
26           article {
27               width: 300px;
28               height: 150px;
29               color: black;
30               border: 1px #000 solid;      /* 添加边框 */
31               float: left;                 /* 设置向左浮动 */
32               padding: 10px 0;
33           }
34           /* 侧边栏 */
35           aside {
36               width: 170px;
37               height: 150px;
38               color: black;
39               border: 1px #000 solid;
40               float: right;                /* 设置向右浮动 */
41               padding: 10px 0;
```

130

```
42            }
43            /* 页面上的版块 */
44            section {
45                width: 140px;
46                height: 70px;
47                border: 1px #000 solid;
48                float: left;
49                margin: 4px;
50            }
51            /* 描述图像或视频 */
52            figure {
53                width: 100%;
54                height: 100%;
55                margin: 0;
56            }
57            figure img {
58                width: 45px;
59                height: 45px;
60            }
61            /* 页脚 */
62            footer {
63                height: 50px;
64                background: #6d6dc5;
65                padding: 10px 0;
66                clear: both;  /* 清除浮动 */
67            }
68        </style>
69    </head>
70    <body>
71        <div id="main">
72            <!-- 页眉 -->
73            <header>
74                页眉：页面的头部
75                <!-- 标题组合 -->
76                <hgroup>
77                    <h1>主标题</h1>
78                    <h2>副标题</h2>
79                </hgroup>
80                <!-- 导航 -->
81                <nav>
82                    <ul>
83                        <li>导航1</li>
84                        <li>导航2</li>
85                        <li>导航3</li>
86                    </ul>
87                </nav>
88            </header>
89            <!-- 描述独立的内容部分 -->
90            <article>
91                <!-- 页面上的版块 -->
92                <section>
93                    <!-- 描述图像或视频 -->
94                    <figure>
95                        <img src="../images/2.png">
```

131

第7章

HTML5 新增标签与属性

```
96                    <!-- 描述图像或视频的标题部分 -->
97                    <figcaption>版块 1</figcaption>
98                 </figure>
99              </section>
100            <section>版块 2</section>
101            <section>版块 3</section>
102            <section>版块 4</section>
103         </article>
104      <!-- 侧边栏 -->
105      <aside>侧边栏</aside>
106      <!-- 页脚 -->
107      <footer>页脚：页面的尾部</footer>
108    </div>
109 </body>
110 </html>
```

运行上述代码,结构标签的运行效果如图 7-2 所示。

图 7-2　结构标签的运行效果

7.1.2　媒体标签

媒体标签用于描述网页中的视频或音频元素,可以在网页中添加视频或音频文件,并增加一些与视频和音频有关的属性和方法,接下来将对视频标签和音频标签进行讲解。

1. <video>视频标签

<video>标签用于定义视频,例如电影片段或其他视频流等。<video>标签是 HTML5 的新标签,使用<video>标签可以在网页中直接插入视频文件,而不需要任何第三方插件。

1) 优势

<video>标签主要有 3 点优势,包括跨平台、好升级、好维护,相对于原生 App 而言,开发成本较低;具有良好的移动支持,例如支持手势,本地存储和视频续播等,通过 HTML5 可实现网站移动化;代码更加简洁,交互性更好。

但<video>标签也存在着不足之处,即兼容性差,不同的浏览器支持的视频格式并不相同,这就导致了视频可能在网页上无法正常播放。

2) 视频格式

<video>标签支持的视频格式有 MPEG4、WebM 和 Ogg,这 3 种视频格式的说明如下。

① MPEG4 简称 MP4,是带有 H.264 视频编码和 AAC(高级音频编码)的 MPEG4 文件。

② WebM 是带有 VP8 视频编码和 Vorbis 音频编码的 WebM 文件。

③ Ogg 是带有 Theora 视频编码和 Vorbis 音频编码的 Ogg 文件。

Chrome、Firefox、Opera 和 Safari 浏览器支持<video>标签,但对部分视频格式并不支持。浏览器对视频格式的支持情况如表 7-2 所示。

表 7-2   浏览器对视频格式的支持情况

视 频 格 式	Chrome	Firefox	Opera	Safari
MPEG4	支持	—	—	支持
WebM	支持	支持	支持	—
Ogg	支持	支持	支持	—

3) 语法格式

<video>标签的语法格式如下。

```
<video src="视频文件路径"></video>
```

或

```
<video>
    <source src="视频文件路径" type="视频格式"></source>
    ...
</video>
```

在第一种语法格式中,src 是 source 的缩写,意思是来源,用于指定视频的路径。

在第二种语法格式中,<source>标签为媒体元素(如<video>视频和<audio>音频),用于定义媒介资源,src 属性规定媒体文件的 URL 地址,type 属性规定资源的媒体类型。<source>标签可以写多个,这是为了兼容各个浏览器,但一个<source>标签里面只能有一个 src 属性说明文件路径。指定 type 属性可以兼容不同浏览器的解码支持,type 属性的属性值有 video/ogg、video/mp4 和 video/webm,例如,<source src="happy.mp4" type="video/mp4"></source>。

4)<video>标签属性

<video>标签的常用属性有 controls、autoplay、loop、muted、poster、preload、width、height 等,这些属性的具体说明如表 7-3 所示。

表 7-3　＜video＞标签的常用属性及其说明

属　　性	值	说　　明
controls	controls	如果出现该属性,则向用户显示视频控件,如"播放"按钮
autoplay	autoplay	如果出现该属性,则视频在加载就绪后马上播放。注意,HTML 中布尔属性的值不是 true 和 false。正确的用法是,在标签中使用此属性则表示 true,在标签中不使用此属性则表示 false
loop	loop	如果出现该属性,则当媒介文件完成播放后再次开始播放
muted	muted	规定视频的音频输出应该被静音
poster	URL	规定视频下载时显示的图像,或者在用户单击"播放"按钮前显示的图像
preload	none/metadata/auto	如果出现该属性,则视频在页面加载时进行加载,并预备播放。如果使用 autoplay,则忽略该属性
width	pixels	设置视频播放器的宽度
height	pixels	设置视频播放器的高度

在表 7-3 中,preload 属性有 3 个值,分别为 none、metadata、auto。 none 指的是当页面加载后不载入视频;metadata 指的是当页面加载后只载入元数据,包括尺寸、第一帧、曲目列表、持续时间等;auto 指的是当页面加载后载入整个视频。

5) 演示说明

在网页中添加一个视频文件,使用＜video＞标签属性设置该文件,具体代码如例 7-2 所示。

【例 7-2】 video 元素。

```
1  <!DOCTYPE html>
2  <html lang = "en">
3  <head>
4      <meta charset = "UTF-8">
5      <title>添加视频</title>
6      <style>
7          /* 父容器 */
8          .media{
9              width: 600px;
10             height: 340px;
11         }
12         /* 视频 */
13         video{
14             width: 100%;          /* 视频的宽、高占满父容器,即宽、高一致 */
15             height: 100%;
16             /* 解决设置 poster 属性后,封面图片无法自适应 video 大小问题 */
17             object-fit: fill;
18         }
19     </style>
20  </head>
21  <body>
22     <!-- 父容器 -->
23     <div class = "media">
24         <!-- 添加一个视频文件,设置未播放前的图像,自动播放,循环播放,显示控件 -->
25         <video src = "../images/road.mp4" poster = "../images/3.png"autoplay loop controls>
    </video>
```

```
26      </div>
27 </body>
28 </html>
```

在网页中添加视频文件的运行效果如图 7-3 所示。

图 7-3　添加视频文件的运行效果

📖 拓展技能：object-fit 属性

object-fit 属性指定元素的内容应该如何去适应指定容器的高度与宽度。object-fit 属性通常应用于 img 和 video 元素，在保持元素原始比例的前提下，可以对这些元素进行剪切、缩放或者拉伸等操作。

object-fit 属性值的具体说明如表 7-4 所示。

表 7-4　object-fit 属性值的具体说明

属　性　值	说　　　　　明
fill	默认值，不保证保持原有的比例，内容拉伸填充整个内容容器
contain	保持原有尺寸比例，内容被缩放
cover	保持原有尺寸比例，但部分内容可能被剪切
none	保留原有元素内容的长度和宽度，即内容不会被重置
scale-down	保持原有尺寸比例，内容的尺寸与 none 或 contain 中的一个相同，取决于它们两个之间谁得到的对象尺寸会更小一些

2. ＜audio＞音频标签

＜audio＞标签用于定义音频，例如音乐或其他音频流等。＜audio＞标签是 HTML5 的新标签，使用＜audio＞标签可以在网页中直接插入音频文件，而不需要任何第三方插件。

1）音频格式

＜audio＞标签支持的音频格式有 MP3、Vorbis 和 WAV，这 3 种音频格式的说明如下。

MP3 是一种音频压缩技术，其全称为动态影像专家压缩标准音频层面 3（Moving Picture Experts Group Audio Layer Ⅲ，MP3），主要用来大幅度地降低音频数据量。

HTML5 新增标签与属性

Vorbis 是类似于 ACC 的另一种免费和开源的音频编码,是用于替代 MP3 的下一代音频压缩技术。

WAV 是录音时用的标准的 Windows 文件格式,文件的扩展名为. wav,数据本身的格式为 PCM 或压缩型,属于无损音乐格式的一种。

Chrome、Firefox、Opera 和 Safari 浏览器支持< audio >标签,但对部分音频格式并不支持。浏览器对音频格式的支持情况如表 7-5 所示。

表 7-5　浏览器对音频格式的支持情况

音 频 格 式	Chrome	Firefox	Opera	Safari
MP3	支持			支持
Vorbis	支持	支持	支持	
WAV		支持	支持	支持

2) 语法格式

< audio >标签的语法格式如下。

```
< audio src = "音频文件路径"></audio >
```

或者

```
< audio >
    < source src = "音频文件路径" type = "音频格式"></source >
    ...
</audio >
```

< audio >标签的使用方法与< video >标签的使用方法基本相同。

3) < audio >标签属性

< audio >标签的常用属性有 controls、autoplay、loop、preload、src 等,这些属性的具体说明如表 7-6 所示。

表 7-6　< audio >标签的常用属性及其说明

属　　性	值	说　　明
controls	controls	如果出现该属性,则向用户显示控件,如"播放"按钮
autoplay	autoplay	如果出现该属性,则音频在就绪后马上播放
loop	loop	如果出现该属性,则当媒介文件完成播放后再次开始播放
preload	none/metadata/auto	如果出现该属性,则音频在页面加载时进行加载,并预备播放。如果使用 autoplay,则忽略该属性
src	url	设置要播放的音频的 URL

4) 演示说明

在网页中添加一个音频文件,使用< audio >标签属性设置该文件,具体代码如例 7-3 所示。

【例 7-3】　audio 元素。

```
1  <! DOCTYPE html >
2  < html lang = "en">
3  < head >
4      < meta charset = "UTF - 8">
5      < title >添加音频</title>
6  </head >
```

```
 7   <body>
 8       <!-- 添加一个音频文件,设置循环播放,显示控件 -->
 9       < audio src = "../images/yue.mp3" loop controls ></audio>
10   </body>
11   </html>
```

在网页中添加音频文件的运行效果如图 7-4 所示。

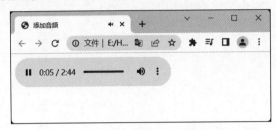

图 7-4　添加音频文件的运行效果

7.1.3　表单控件标签

在介绍新增的表单控件之前,先来回顾一下第 3 章中介绍的表单控件<input>,通过设置 type 属性可以展示不同的表单控件,如输入框、密码框、单选框、复选框等。在 HTML5 规范中对<input>标签的 type 属性值进行扩展,添加新的表单控件元素,例如邮箱、电话、日期等,这些新增的表单控件可以更好地实现输入控制以及验证。接下来将对新增的表单控件进行详细讲解。

1. email、url、tel 值

当<input>标签的 type 属性值为 email 时,表示用于邮箱地址的文本字段,限制用户输入必须为邮箱类型,即输入内容必须含有@符号,并且@前后内容不能为空。email 提供了邮箱的完整验证,必须包含@和后缀,如果不满足验证,则默认会产生提示信息,并且程序会阻止表单进行提交。

当<input>标签的 type 属性值为 url 时,表示用于链接地址的文本字段,限制用户输入必须为 URL 地址,即输入内容必须含有"http://"或"https://",并且内容不能为空。如果提交的内容不是正确的 URL 值时,则默认会产生提示信息。

当<input>标签的 type 属性值为 tel 时,表示用于电话号码的文本字段,限制用户输入必须为电话号码类型。由于全球手机号码格式的标准不同,tel 表单控件并不是用来验证手机号码的,其目的是能够在移动端打开数字键盘。数字键盘限制用户只能填写数字而不能填写其他字符,当在表单中输入错误值时,tel 类型的控件并不会产生提示信息。tel 类型的控件在移动端中展现的数字键盘如图 7-5 所示。

在<input>标签中,将 type 属性值分别设置为 email、url、tel,演示其效果,具体代码如例 7-4 所示。

图 7-5　手机上展现的数字键盘

【例 7-4】　email、url、tel 值。

```
1   <! DOCTYPE html >
2   < html lang = "en">
```

```
3    < head >
4        < meta charset = "UTF - 8">
5        < title > email、url、tel 值</title>
6    </ head >
7    < body >
8        < form action = "#">
9            邮箱: < input type = "email" name = "email">
10           URL 地址: < input type = "url" name = "url">
11           电话: < input type = "tel" name = "tel">
12           < input type = "submit" value = "提交">
13       </ form >
14   </ body >
15   </ html >
```

运行上述代码,效果如图 7-6 所示。

图 7-6   email、url、tel 值的展示效果

2. range、color 值

当< input >标签的 type 属性值为 range 时,表单控件显示为一个可拖曳的滑动块,其内包含一定范围内的数值输入域。在< input >标签中可设置的属性如表 7-7 所示。

表 7-7   < input >标签中可设置的属性

属　　　性	说　　　明
value	设置默认值
min	设置最小值
max	设置最大值
step	设置步进值,即每次递增递减的数值,默认为 1

当< input >标签的 type 属性值为 color 时,为颜色选择器,展示为获取颜色值的效果。当单击颜色按钮时,会弹出获取颜色的面板层。

在< input >标签中,将 type 属性值分别设置为 range、color,演示其效果,具体代码如例 7-5 所示。

【例 7-5】   range、color 值。

```
1    <! DOCTYPE html >
2    < html lang = "en">
3    < head >
4        < meta charset = "UTF - 8">
5        < title > range、color 值</title>
6    </ head >
7    < body >
```

```
8          < form action = " # ">
9              滑动块: < input type = "range" name = "range" value = "20" min = "0" max = "100" step =
    "5"><br >
10             颜色选择器: < input type = "color" name = "color" ><br >
11             < input type = "submit" value = "提交">
12         </form >
13  </body >
14  </html >
```

运行上述代码,效果如图 7-7 所示。

图 7-7   range、color 值的展示效果

3. search、number 值

当< input >标签的 type 属性值为 search 时,表示用于搜索的文本字段,限制用户输入必须为搜索框关键词。与文本输入框效果相似,但当输入搜索内容时,会显示带有关闭按钮的效果,即在输入框输入文本后右边显示"x",可以将输入的文本清除。

当< input >标签的 type 属性值为 number 时,表示用于微调数字的文本字段,限制用户输入必须为数字类型,即只能输入数字和小数点,不能输入其他字符,并且在输入框最右侧会显示带有上下调节的按钮。

在< input >标签中,将 type 属性值分别设置为 search、number,演示其效果,具体代码如例 7-6 所示。

【例 7-6】   search、number 值。

```
1   <! DOCTYPE html >
2   < html lang = "en">
3   < head >
4       < meta charset = "UTF - 8">
5       < title > search、number 值</title >
6   </head >
7   < body >
8       < form action = " # ">
9           搜索框: < input type = "search" name = "search"><br >
10          数字框: < input type = "number" name = "number"><br >
```

```
11          < input type = "submit" value = "提交">
12      </form>
13  </body>
14  </html>
```

运行上述代码,效果如图 7-8 所示。

图 7-8   search、number 值的展示效果

4. week、month、date、time 值

当<input>标签的 type 属性值为 week、month、date、time 时,表示用于日期和时间的文本字段,其具体说明如表 7-8 所示。

表 7-8   日期和时间类型及其说明

属　性　值	说　　　明
week	限制用户输入必须为周类型,选取周、年
month	限制用户输入必须为月类型,选取月、年
date	限制用户输入必须为日期类型,选取日、月、年
time	限制用户输入必须为时间类型,选取小时、分钟

在<input>标签中,将 type 属性值分别设置为 week、month、date、time,演示其效果,具体代码如例 7-7 所示。

【例 7-7】   week、month、date、time 值。

```
1   <!DOCTYPE html >
2   < html lang = "en">
3   < head >
4       < meta charset = "UTF－8">
5       < title > week、month、date、time 值</title >
6   </head >
7   < body >
8       < form action = "#">
9           week:< input type = "week" name = "week">
10          month: < input type = "month" name = "month">
11          date:< input type = "date" name = "date">
12          time:< input type = "time" name = "time">
13          < input type = "submit" value = "提交">
14      </form >
15  </body >
16  </html >
```

运行上述代码,效果如图 7-9 所示。

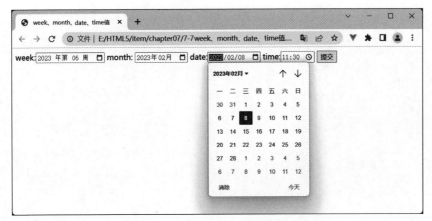

图 7-9 week、month、date、time 值的展示效果

7.1.4 其他标签

除了上述的结构标签、媒体标签和表单控件标签之外,HTML5 还新增了一些其他标签,如<mark>标签、<progress>标签、<time>标签等。这些新增的其他标签及其说明如表 7-9 所示。

表 7-9 新增的其他标签及其说明

标 签	说 明
<mark>	描述突出显示部分的文本,用于标注、高亮显示,默认情况下会添加黄色的背景色
<progress>	定义运行中的进度或进程,类似于进度条,一般需要配合 JavaScript 来展示进度条的动态效果。有两个可选的属性,max 属性表示完成的值;value 属性表示当前的值
<time>	描述日期或时间,通常作为数据标签,多用于搜索引擎。其 datetime 属性定义元素的日期和时间,如果未定义该属性,则必须在元素的内容中规定日期或时间。显示效果与普通的<span>标签相同,<time>属于语义化标签,没有默认样式
<ruby>	定义注解,一般用在中文注音中。其有一个配套的<rt>子标签,用来添加注解
<details>	描述文档或文档某个部分的细节,常用于设计展开菜单。与<summary>标签配合使用,可以为 details 定义标题。标题是可见的,details 内容是不可见的,当用户单击标题时,才会显示出 details 的内容
<datalist>	定义选项列表,常用于文本框下拉提示。与 input 元素配合使用,定义 input 可能的值。datalist 及其选项不会被显示出来,仅仅是合法的输入值列表,需使用 input 元素的 list 属性来绑定 datalist。这种方式增强了用户体验,可提示用户完成输入

使用上述 HTML5 新增的其他标签定义文本,展示其样式效果,具体代码如例 7-8 所示。

【例 7-8】 HTML5 其他标签。

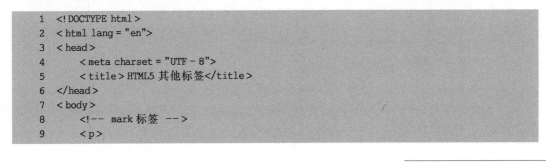

```
1   <!DOCTYPE html>
2   <html lang = "en">
3   <head>
4       <meta charset = "UTF - 8">
5       <title>HTML5 其他标签</title>
6   </head>
7   <body>
8       <!-- mark 标签 -->
9       <p>
```

141

第7章

HTML5 新增标签与属性

```
10              高亮显示：行动力才是成事的关键，正所谓"<mark>道虽迩，不行不至；事虽小，不为
    不成。</mark>"，要学会迈出第一步。
11      </p>
12      <!-- progress 标签 -->
13      <p>
14              进度条：<progress max="100" value="20"></progress>
15      </p>
16      <!-- time 标签 -->
17      <p>
18              数据搜索引擎：在 <time datetime="2023-03-08">妇女节</time> 来临之际，祝
    愿所有女性平安喜乐，幸福美满！
19      </p>
20      <!-- ruby 标签 -->
21      <p>中文注音：
22          <ruby>
23              乐<rt>le</rt>
24          </ruby>
25      </p>
26      <!-- details 标签 -->
27      <p>展开菜单：
28          <details>
29              <summary>横渠四句</summary>
30              <span>为天地立心，为生民立命，为往圣继绝学，为万世开太平</span>
31          </details>
32      </p>
33      <!-- datalist 标签 -->
34      <p>文本框下拉提示：
35          <input type="text" list="content">
36          <datalist id="content">
37              <option value="HTML5"></option>
38              <option value="CSS3"></option>
39              <option value="JavaScript"></option>
40          </datalist>
41      </p>
42  </body>
43  </html>
```

运行上述代码，其效果如图 7-10 所示。

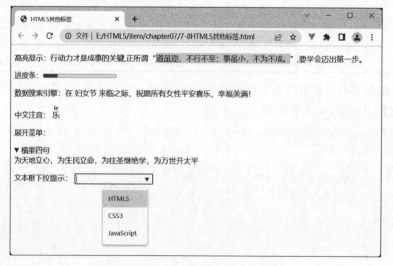

图 7-10　HTML5 其他标签的运行效果

7.2 HTML5 新增属性

HTML5 除了新增标签外还提供新的标签属性,这些属性可以在任意标签上使用。接下来将详细介绍 HTML5 新增的属性。

7.2.1 data-* 属性

data-* 属性用于存储页面或应用程序的私有的自定义数据。data-* 实际上是前缀 data-加上自定义的属性名。使用这样的结构可以存放数据,改善自定义属性混乱无规律的现状,以提供更好的用户体验。

data-* 属性的设置包括以下两部分。

(1) 属性名不应该包含任何大写字母,并且在前缀 data-之后必须有至少一个字符。

(2) 属性值可以是任意字符串。

data-* 属性可以设置在所有 HTML 标签上,页面中不显示任何数据,只能通过 JavaScript 的方式来获取数据。data-* 属性的示例代码如下。

```
< div data - name = "将进酒" data - info = "天生我材必有用,千金散尽还复来"></div>
```

7.2.2 hidden 属性

hidden 属性规定对元素进行隐藏。如果使用该属性,元素会被隐藏。开发者通过控制 hidden 属性,使用户在满足某些条件时才能看到某个元素(如选中复选框等),也可使用 JavaScript 来删除 hidden 属性,使该元素可见。

hidden 属性与 CSS3 的 display 属性值为 none 时效果相似,但 hidden 通过属性隐藏元素,而不是通过样式。hidden 属性的示例代码如下。

```
< p hidden>问君能有几多愁,恰似一江春水向东流。</p>
```

7.2.3 contenteditable 属性

contenteditable 属性规定元素内容是否可编辑。当 contenteditable 属性值为 true 时,允许对元素内容进行编辑;当 contenteditable 属性值为 false 时,不允许对元素内容进行编辑;当属性值为空字符串时,效果和 true 一致。

当为 HTML5 标签元素设置 contenteditable 属性之后,单击元素内容时可以进行文本编辑操作,与输入框的效果相似。

为 HTML5 标签元素设置 contenteditable 属性,演示其效果,具体代码如例 7-9 所示。

【例 7-9】 contenteditable 属性。

```
1  <!DOCTYPE html>
2  < html lang = "en">
3  < head >
```

```
4        < meta charset = "UTF - 8">
5        < title > contenteditable 属性</title >
6        < style >
7            p{
8                width: 200px;
9                padding: 10px;
10            }
11        </style >
12   </head >
13   < body >
14        < p contenteditable = "true">鹤鸣于九皋,声闻于天。鱼在于渚,或潜在渊。</p>
15   </body >
16   </html>
```

运行上述代码,contenteditable 属性的运行效果如图 7-11 所示。

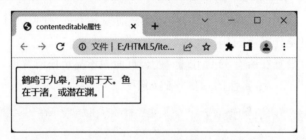

图 7-11　contenteditable 属性的运行效果

7.3　实例九：中国戏曲介绍

戏曲艺术是中国文学的重要组成部分。戏曲中所包含的精神、审美情趣、人格魅力、悲剧艺术等,作为文化的观念层面,构成某一种文化特色的价值体系。在中国文化中,戏曲意义尤其重大,不仅形成了中国文化的价值体系,而且最终铸就了中国文化的诗性特征和人格魅力。

7.3.1　"中国戏曲介绍"页面结构简图

本实例是一个介绍中国戏曲的短文页面,主要应用了结构标签、媒体标签等相关知识。该页面主要由结构标签、< video >标签、< div >元素块、< ul >无序列表、< a >超链接等构成。"中国戏曲介绍"页面结构简图如图 7-12 所示。

7.3.2　实现"中国戏曲介绍"页面效果

1. 主体结构代码

新建一个 HTML5 文件,以外链方式在该文件中引入 CSS3 文件。首先,在< body >标签中定义< div >父容器块,并添加 id 名为 container；然后,使用结构标签定义网页的各个部分,使其更具语义化。具体代码如例 7-10 所示。

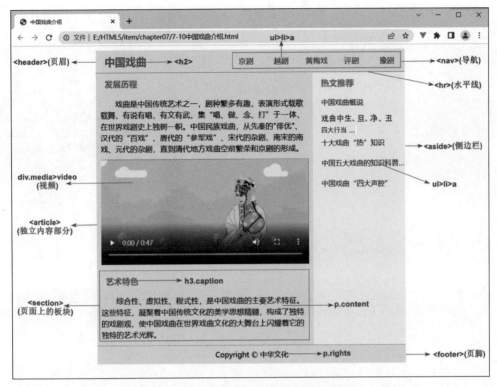

图 7-12 "中国戏曲介绍"页面结构简图

【例 7-10】 中国戏曲介绍。

```
1   <!DOCTYPE html>
2   <html lang = "en">
3   <head>
4       <meta charset = "UTF-8">
5       <title>中国戏曲介绍</title>
6       <link type = "text/css" rel = "stylesheet" href = "opera.css">
7   </head>
8   <body>
9       <!-- 父容器 -->
10      <div id = "container" class = "clearfix">
11          <!-- 页眉 -->
12          <header class = "clearfix">
13              <!-- 图标 -->
14              <h2 class = "topic">中国戏曲</h2>
15              <!-- 导航 -->
16              <nav>
17                  <ul>
18                      <li><a href = "#">京剧</a></li>
19                      <li><a href = "#">越剧</a></li>
20                      <li><a href = "#">黄梅戏</a></li>
21                      <li><a href = "#">评剧</a></li>
22                      <li><a href = "#">豫剧</a></li>
23                  </ul>
24              </nav>
25          </header>
```

146

```
26        <hr>
27        <!-- 描述独立的内容部分 -->
28        <article>
29            <!-- 页面上的板块 -->
30            <section>
31                <h3 class = "caption">发展历程</h3>
32                <p class = "content">
33                        戏曲是中国传统艺术之一,剧种繁多有趣,表演形式载歌载舞,有说有唱,
    有文有武,集"唱、做、念、打"于一体,在世界戏剧史上独树一帜。中国民族戏曲,从先秦的"俳优"、
    汉代的"百戏"、唐代的"参军戏"、宋代的杂剧、南宋的南戏、元代的杂剧,直到清代地方戏曲空前
    繁荣和京剧的形成。
34                </p>
35                <div class = "media">
36                    <video src = "../images/opera.mp4" controls></video>
37                </div>
38            </section>
39            <section>
40                <h3 class = "caption">艺术特色</h3>
41                <p class = "content">
42                        综合性、虚拟性、程式性,是中国戏曲的主要艺术特征。这些特征,凝聚着
    中国传统文化的美学思想精髓,构成了独特的戏剧观,使中国戏曲在世界戏曲文化的大舞台上闪
    耀着它的独特的艺术光辉。
43                </p>
44            </section>
45        </article>
46        <!-- 侧边栏 -->
47        <aside>
48            <h3>热文推荐</h3>
49            <ul>
50                <li><a href = "#">中国戏曲概说</a></li>
51                <li><a href = "#">戏曲中生、旦、净、丑四大行当超全详解!</a></li>
52                <li><a href = "#">十大戏曲"热"知识</a></li>
53                <li><a href = "#">中国五大戏曲的知识科普,超赞!</a></li>
54                <li><a href = "#">中国戏曲"四大声腔"</a></li>
55            </ul>
56        </aside>
57        <!-- 页脚 -->
58        <footer>
59            <p class = "rights">Copyright &copy; 中华文化</p>
60        </footer>
61    </div>
62 </body>
63 </html>
```

2. CSS3 代码

新建一个 CSS3 文件 opera. css,在该文件中加入设置页面样式的 CSS3 代码,具体代码
如下。

```
1  /* 取消页面默认边距 */
2  * {
3      margin: 0;
4      padding: 0;
5  }
```

```
6      /* 使用伪元素清除浮动 */
7      .clearfix::after{
8          content: "";
9          display: block;
10         clear: both;
11     }
12     ul > li{
13         list - style: none;
14     }
15     a{
16         text - decoration: none;
17     }
18     /* 父容器 */
19     #container{
20         width: 700px;
21         background - color: #e8f0f4;
22         margin: 10px auto;
23     }
24     /* 页眉 */
25     header{
26         height: 50px;
27     }
28     /* 主题标题 */
29         .topic{
30         color: #db7777;
31         line - height: 50px;        /* 行高与元素高度值相同,可使元素中的内容垂直居中 */
32         padding: 0 20px;
33         float: left;                /* 左浮动 */
34     }
35     /* 导航 */
36     nav{
37         float: right;               /* 右浮动 */
38     }
39     nav > ul > li{
40         width: 80px;
41         height: 50px;
42         line - height: 50px;
43         text - align: center;       /* 文本左右方向居中 */
44         float: left;                /* 设置元素向左浮动 */
45     }
46     nav > ul > li > a{
47         color: #3d5a8d;
48         font - size: 17px;
49     }
50     nav > ul > li > a:hover{
51         color: #7a16d2;
52     }
53     /* 描述独立的内容部分,侧边栏 */
54     article,aside{
55         float: left;                /* 向左浮动 */
56         height: 601px;
57     }
58     article{
59         width: 70%;
```

```
60    }
61    aside{
62        width: 30%;
63        background-color: #f7f9fa;
64    }
65    /* 板块中的标题 */
66    .caption{
67        color: #d08e81;
68        padding: 10px 20px;
69    }
70    /* 板块中的内容 */
71    .content{
72        text-indent: 2em;              /* 首行缩进 2 个字符 */
73        font-size: 17px;
74        line-height: 25px;
75        padding: 10px;
76    }
77    /* 板块内容中的视频容器 */
78    .media{
79        margin: 0 10px 10px;
80    }
81    video{
82        width: 100%;
83        height: 100%;
84        object-fit: fill;              /* video 视频的大小拉伸填充整个内容容器 */
85    }
86    /* 侧边栏标题 */
87    aside h3{
88      color: #CC9999;
89      padding: 10px 20px;
90    }
91    aside>ul{
92        margin-left: 20px;
93    }
94    aside>ul>li{
95        padding: 10px 0;
96    }
97    /* 侧边栏中的文章标题 */
98    aside a{
99        display: inline-block;
100       width: 100%;
101       text-decoration: none;
102       color: #333;
103       overflow: hidden;              /* 超出部分隐藏 */
104       text-overflow: ellipsis;       /* 文本超出部分使用省略号 */
105       white-space: nowrap;           /* 强制一行显示,不换行 */
106   }
107   /* 页脚 */
108   footer{
109       width: 100%;
110       height: 40px;
111       border-top: 1px solid #aaa;
112       text-align: center;
113       line-height: 40px;
```

```
114      clear: both;   /* 清除浮动 */
115   }
```

在上述 CSS3 代码中,对网页进行布局是本节的重点部分。首先,使用 float 属性对主体标题和导航分别设置向左浮动和向右浮动;其次,将描述独立的内容部分与侧边栏也进行浮动设置;然后,使用 text-overflow 属性将侧边栏中文章标题的超出部分替换为省略号;最后,使用 clear 属性为页脚部分清除浮动。

7.4　本　章　小　结

本章重点学习 HTML5 的新标签和新属性,如结构标签、媒体标签、表单控件标签等。希望通过对本章内容的分析和讲解,读者能够掌握新增标签和新增属性的用法及使用场景,为学习 HTML5 奠定坚实的基础。

7.5　习　　　题

1. 填空题

(1) 用来描述网页中的页眉和页脚的标签是_____和_____。

(2) < figcaption >用于描述图像或视频的_____。

(3) < audio >音频标签通过_____属性控制对音频的循环播放。

(4) _____属性规定元素内容可以进行编辑。

2. 选择题

(1) 下列选项中,不属于 HTML5 新增的结构标签的是(　　)。

　　A. header　　　　　　B. footer　　　　　　C. nav　　　　　　D. strong

(2) 为< video >音频添加控件的属性是(　　)。

　　A. controls　　　　　B. autoplay　　　　　C. loop　　　　　D. muted

(3) 关于 HMTL5 的说法正确的是(　　)。

　　A. HTML5 只是对 HTML4 的一个简单升级

　　B. 所有主流浏览器都支持 HTML5

　　C. HTML5 新增了媒体标签

　　D. HTML5 主要针对移动端进行了优化

(4) 下列不属于 HTML5 新增的表单控件是(　　)。

　　A. color　　　　　　B. url　　　　　　　C. tel　　　　　　D. text

3. 思考题

(1) 简述< video >标签的优势。

(2) 简述< audio >标签支持的音频格式。

HTML5 新增标签与属性

第 8 章　CSS3 新增属性

学习目标

- 掌握 CSS3 新增文本属性的用法。
- 掌握 CSS3 新增背景属性的用法。
- 掌握 CSS3 新增边框属性的用法。
- 掌握登录注册表单实例的实现方式。

CSS3 是 CSS 的最新版本,相对于 CSS2.1,CSS3 新增了很多属性和方法,如文本效果、背景效果、动画、3D、弹性盒模型等,其最大的优势是对于原本需要使用图片或 JavaScript 实现的效果,CSS3 只需要一些简单的代码便可实现。本章将重点介绍 CSS3 新增的文本、背景和边框属性。

8.1　文　本　属　性

在 CSS3 中,增加了丰富的文本修饰效果,使得网页更加美观舒服。接下来将学习一些常见的 CSS3 文本属性。

8.1.1　text-shadow 属性

通常情况下,CSS2 使用 Photoshop 等工具来实现文字的阴影效果,但在 CSS3 中,这种效果可以通过设置 text-shadow 属性来实现,简单又好用。

text-shadow 属性可设置的样式分别为 x-offset、y-offset、blur 和 color,这 4 个属性值的含义及用法如表 8-1 所示。

表 8-1　text-shadow 属性值的含义及用法

属 性 值	含　　义	单　位	用　　　法
x-offset	阴影的水平偏移距离	px、em 或百分比等	值为正,阴影向右偏移; 值为负,阴影向左偏移
y-offset	阴影的垂直偏移距离	px、em 或百分比等	值为正,阴影向下偏移; 值为负,阴影向上偏移
blur	阴影的模糊程度	px、em 或百分比等	值不能为负,值为 0 时无阴影模糊效果; 值越大,阴影越模糊;值越小,阴影越清晰
color	阴影的颜色	三种颜色表示方法	

text-shadow 属性同时还支持多阴影的设置,通过多阴影可以设计出很多炫酷的效果。使用 text-shadow 属性为文本设置阴影效果,具体代码如例 8-1 所示。

【例 8-1】 文本阴影效果。

```
1   <!DOCTYPE html>
2   <html lang = "en">
3   <head>
4       <meta charset = "UTF - 8">
5       <title>文本阴影效果</title>
6       <style>
7           .p1{
8               color: #FA8072;          /* 设置文本颜色 */
9               font - size: 20px;          /* 设置字体大小 */
10              /* 设置文本的水平阴影、垂直阴影、模糊效果和颜色 */
11              text - shadow: 2px 2px 2px #deb57e;
12          }
13          .p2{
14              color: #000;
15              font - size: 22px;
16              /* 设置多阴影 */
17              text - shadow: 0 0 4px #9de56a,
18              1px - 2px 3px #df626a,
19              - 3px 3px 4px #4585d8;
20          }
21      </style>
22  </head>
23  <body>
24      <p class = "p1">山有顶峰,湖有彼岸,万物皆有回转。</p>
25      <p class = "p2">此去关山万里,定不负云起之望。</p>
26  </body>
27  </html>
```

文本阴影的运行效果如图 8-1 所示。

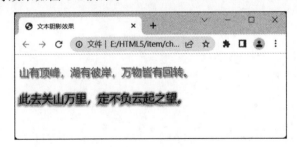

图 8-1 文本阴影的运行效果

8.1.2 text-align-last 属性

text-align-last 属性用于设置文本最后一行的对齐方式。text-align-last 属性有 7 个值,分别为 auto、left、right、center、justify、start 和 end,这 7 个属性值及其说明如表 8-2 所示。

表 8-2　text-align-last 属性值及其说明

属 性 值	说　明
auto	默认值,每一行的对齐规则由 text-align 的值来确定
left	最后一行向左对齐
right	最后一行向右对齐
center	最后一行居中对齐
justify	最后一行文字的开头与内容盒子的左侧对齐,末尾与右侧对齐
start	最后一行在行起点对齐,由 direction 属性(规定文本方向)决定
end	最后一行在行末尾对齐,由 direction 属性(规定文本方向)决定

值得注意的是,text-align-last 属性设置的是被选元素内的所有最末行。例如,一个
<div>中有 3 个段落,text-align-last 会应用于每段的最后一行。

在制作表单时,每一个输入框的提示名称会出现字数不相等的情况,如 3.4 节中的实例
"图书库存信息录入表单"。若想要使文字两端对齐,text-align-last 属性的 justify 值便能解
决这个问题。

创建一个<div>元素,在其中添加 3 个<p>元素,分别演示 text-align-last 属性的 right、
center 和 start 这 3 个值的应用效果,然后再创建一个表单,使用 text-align-last 属性的
justify 值使输入框的提示名称能够两端对齐。具体代码如例 8-2 所示。

【例 8-2】　最后一行的对齐方式。

```
1    <!DOCTYPE html >
2    < html lang = "en">
3    < head >
4        < meta charset = "UTF - 8">
5        < meta http - equiv = "X - UA - Compatible" content = "IE = edge">
6        < title >最后一行的对齐方式</title >
7        < style >
8            div{
9                width: 500px;
10               border: 1px solid #000;
11           }
12           .box > p{
13               width: 480px;
14               border: 1px solid #aaa;
15           }
16           /* 段落一 */
17           .text1{
18               text - align - last: right;      /* 最后一行向右对齐 */
19           }
20           /* 段落二 */
21           .text2{
22               text - align - last: center;      /* 最后一行居中对齐 */
23           }
24           /* 段落三 */
25           .text3{
```

```
26              direction: ltr;                    /* 规定文本方向,ltr 为从左到右 */
27              text - align - last: start; /* 最后一行在行起点对齐,由 direction 属性决定 */
28          }
29          /* 表单中的 label 提示名称 */
30          .form label{
31              display: inline - block;           /* 转换为内联元素块 */
32              width: 100px;
33              margin - right: 20px;              /* 添加右外边距 */
34              text - align - last: justify;      /* 最后一行两端对齐 */
35          }
36      </style>
37 </head>
38 < body >
39      <!-- 段落 -->
40      < div class = "box">
41          < p class = "text1">
42              段落一:唐诗中的山水田园诗派以孟浩然、王维为代表,以山水风光和闲适生活为
   题材,充满诗情画意和生活情趣。
43          </p>
44          < p class = "text2">
45              段落二:唐诗中的盛唐边塞诗派以高适、岑参、王昌龄、王之涣为代表,描写戍边守
   战部队的艰苦环境以及报国思乡的情绪。有的情绪高昂,有的气势悲壮,有的哀怨动人。
46          </p>
47          < p class = "text3">
48              段落三:唐诗中的咏史诗派以刘禹锡、李商隐为代表。咏史怀古诗借古讽今,写出
   了人是变化的,而自然景物是亘古不变的。
49          </p>
50      </div>
51      < br >
52      <!-- 表单 -->
53      < div class = "form">
54          < form action = "#">
55              < p >
56                  < label for = "ming">图书名称</label>
57                  < input type = "text" id = "ming" name = "ming">
58              </p>
59              < p >
60                  < label for = "pricing">定价</label>
61                  < input type = "text" id = "pricing" name = "price">
62              </p>
63              < p >
64                  < label for = "publisher">出版社</label>
65                  < input type = "text" id = "publisher" name = "publisher">
66              </p>
67          </form >
68      </div >
69 </body>
70 </html>
```

最后一行的对齐方式的运行效果如图 8-2 所示。

153

第 8 章

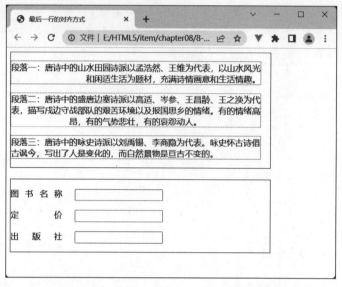

图 8-2　最后一行的对齐方式的运行效果

8.2　背景属性

在 CSS2.1 中,包含很多关于背景的属性,如 background-image、background-position 等。在 CSS3 中,为了满足更多的开发需求,新增了多个新的背景属性,如 background-size、background-origin、background-clip 等,它们实现了对背景更强大的控制。

8.2.1　background-size 属性

background-size 属性用于设置背景图片的尺寸,这使得在不同环境中重复使用背景图片成为可能。background-size 属性值可设置为长度值、百分比值、cover、contain 等。background-size 属性值及其说明如表 8-3 所示。

表 8-3　background-size 属性值及其说明

属 性 值	说　　明
长度值	可设置背景图片的宽度和高度,常用单位为 px
百分比值	以父元素的百分比来设置背景图片的宽度和高度,单位为%
cover	把背景图片扩展至足够大,以使背景图片完全覆盖背景区域,背景图片的某些部分也许无法显示在背景定位区域中
contain	把背景图片扩展至最大尺寸,以使其宽度和高度完全适应内容区域

使用 background-size 属性设置背景图片尺寸,具体代码如例 8-3 所示。

【例 8-3】　背景图片尺寸。

```
1    <!DOCTYPE html>
2    <html lang="en">
3    <head>
4        <meta charset="UTF-8">
5        <title>背景图片尺寸</title>
```

```
6    </head>
7    < body >
8       < style >
9          /* 第 1 个元素,仅为元素添加背景图片 */
10         .box1{
11            width: 350px;
12            height: 200px;
13            background - image: url(../images/2.jpg);           /* 添加背景图片 */
14         }
15         /* 第 2 个元素,使用 background - size 属性设置背景图片尺寸 */
16         .box2{
17            width: 350px;
18            height: 200px;
19            background - image: url(../images/2.jpg);           /* 添加背景图片 */
20            background - size: 100 % 100 % ;
21         }
22      </style>
23   </head>
24   < body >
25      < div class = "box1">正常情况下,为元素添加背景图片</div>
26      < hr >
27      < div class = "box2">使用 background - size 属性设置背景图片尺寸</div>
28   </body>
29   </html>
```

使用 background-size 属性设置背景图片尺寸的运行效果如图 8-3 所示。

图 8-3 设置背景图片尺寸的运行效果

8.2.2 background-origin 属性

在 CSS3 中,可以使用 background-origin 属性设置元素背景图片平铺的起始位置。
background-origin 属性值及其说明如表 8-4 所示。

表 8-4　background-origin 属性值及其说明

属 性 值	说　明
padding-box(默认值)	背景图片从内边距开始平铺
border-box	背景图片从边框开始平铺
content-box	背景图片从内容区域开始平铺

background-origin 属性的示例代码如下。

```
div {
    background: url(1.png) no-repeat;
    background-size: cover;
    background-origin: content-box;
}
```

8.2.3　background-clip 属性

在 CSS3 中,可以使用 background-clip 属性设置元素背景图片平铺后裁切的位置。background-clip 属性值及其说明如表 8-5 所示。

表 8-5　background-clip 属性值及其说明

属 性 值	说　明
border-box(默认值)	平铺的背景图片从边框开始剪切
padding-box	平铺的背景图片从内边距开始剪切
content-box	平铺的背景图片从内容区域开始剪切

background-clip 属性的示例代码如下。

```
div {
    background: url(1.png) no-repeat;
    background-clip: content-box;
}
```

8.3　边框属性

在 CSS3 中对边框增加了丰富的修饰效果,使网页在视觉上更加美观,可极大地提升用户体验。

8.3.1　border-radius 属性

在 CSS2.1 中,为元素添加圆角效果,通常使用背景图片来实现,制作起来比较麻烦。而 CSS3 中 border-radius 属性的出现,完美地解决了圆角效果难以实现的问题。

此外,在前端开发中,对于网页设计,始终秉承"尽量少用图片"的原则,即能用 CSS 实现的效果,就尽量不使用图片。这是因为使用图片需要引发 HTTP 请求,并且其传输量大,容易影响网页的加载性能。

border-radius 属性可为元素添加圆角效果,属性值可以是百分比,也可以是 px、em。border-radius 属性中的数值代表一个圆形的半径,这个圆形与元素相切就形成了圆角,属性值越大,圆角越明显。例如,一个宽为 100px、高为 100px 的正方形元素块,将 border-radius 属性值设为 50px(border-radius:50px),则可使元素块转变成一个圆形。

与 margin、padding 属性相似,border-radius 属性也是一个简写属性,主要包含 border-top-left-radius(对应左上角)、border-top-right-radius(对应右上角)、border-bottom-right-radius(对应右下角)和 border-bottom-left-radius(对应左下角)这 4 个子属性。

border-radius 属性的值可以通过复合写法实现多种设置方式,其语法格式如下。

```
border - radius:左上角 右上角 右下角 左下角
border - radius:左上角 右上角和左下角 右下角
border - radius:左上角和右下角 右上角和左下角
border - radius:4 个角
```

使用 border-radius 属性为元素添加圆角效果,具体代码如例 8-4 所示。

【例 8-4】 圆角效果。

```
1   <!DOCTYPE html>
2   <html lang = "en">
3   <head>
4       <meta charset = "UTF - 8">
5       <title>圆角效果</title>
6       <style>
7           /* 第 1 个元素,4 个角实现相同的圆角效果 */
8           .box1{
9               width: 250px;
10              height: 100px;
11              background - color: #83b7e8;
12              border - radius: 50px;        /* 设置圆角效果,4 个角复合写法 */
13              margin - bottom: 20px;        /* 设置下外边距 */
14          }
15          /* 第 2 个元素,4 个角分别实现不同的圆角效果 */
16          .box2{
17              width: 250px;
18              height: 100px;
19              background - color: #e5d89b;
20              /* 设置圆角效果,左上角、右上角、右下角、左下角 */
21              border - radius: 50px 40px 30px 20px;
22          }
23      </style>
24  </head>
25  <body>
26      <div class = "box1">4 个角实现相同的圆角效果</div>
27      <div class = "box2">4 个角分别实现不同的圆角效果</div>
28  </body>
29  </html>
```

使用 border-radius 属性实现圆角效果的运行效果如图 8-4 所示。

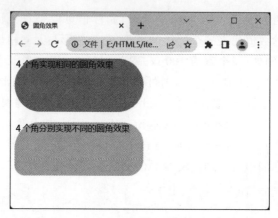

图 8-4   实现圆角效果的运行效果

8.3.2   border-image 属性

在第 6 章中,讲解了边框样式 border-style,其中边框只有实线、虚线、点状线等多种简单的形式。如果想要给边框添加漂亮的背景图片,就要用到 CSS3 中提供的 border-image 属性。

border-image 属性用于为边框添加背景图片。在 CSS3 中,border-image 属性是一个简写属性,即用于设置 border-image-source、border-image-slice、border-image-width、border-image-outset 和 border-image-repeat 属性,这 5 个属性的具体说明如表 8-6 所示。

表 8-6   border-image 属性及其说明

属　　性	说　　明
border-image-source	定义边框图片的路径
border-image-slice	图片边框向内偏移
border-image-width	图片边框的宽度
border-image-outset	边框图片区域超出边框的量
border-image-repeat	图片边框是否应重复(repeat)、平铺(round)或拉伸(stretch)

在使用 border-image 属性为边框添加背景图片时,主要可设置图片边框的路径、图片边框的宽度、图片边框的平铺方式这 3 个值。

使用 border-image 属性为边框添加背景图片。首先通过 URL 值来添加图片地址,再使用数值来设置填充图片的大小(数值填充的是边框的 4 个方向,从图片边缘向图片内层截取相应数值进行填充,注意数值后不要加单位),最后通过图片平铺方式来改变边框添加的方式,即 repeat 值表示重复;round 值表示平铺;stretch 值表示拉伸(默认值)。具体代码如例 8-5 所示。

【例 8-5】 为边框添加背景图片。

```
1  <! DOCTYPE html >
2  < html lang = "en">
3  < head >
4      < meta charset = "UTF - 8">
5      <title>为边框添加背景图片</title>
6      < style >
7          div{
```

```
8            width: 200px;
9            height: 200px;
10           border: 15px solid transparent;      /* 添加边框 */
11           margin: 20px;                         /* 添加外边距 */
12           float: left;                          /* 设置左浮动 */
13       }
14       /* 边框图片拉伸 */
15       .stretch{
16           border - image: url(../images/borderImage.png) 30 stretch;
17       }
18       /* 边框图片平铺 */
19       .round{
20           border - image: url(../images/borderImage.png) 30 round;
21       }
22   </style>
23 </head>
24 <body>
25   <div class = "stretch">图片被拉伸以填充该区域</div>
26   <div class = "round">图片铺满整个边框</div>
27   <div>本例所使用的图片:
28       <img src = "../images/borderImage.png" alt = "">
29   </div>
30 </body>
31 </html>
```

运行上述代码,为边框添加背景图片的运行效果如图 8-5 所示。

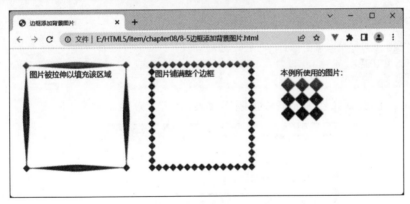

图 8-5　为边框添加背景图片的运行效果

8.3.3　box-shadow 属性

box-shadow 属性与 text-shadow 属性类似,可为元素添加一个或多个阴影效果。

box-shadow 属性可设置的样式分别为 h-shadow、v-shadow、blur、spread、color 和 inset,这 6 个属性值及其说明如表 8-7 所示。

表 8-7　box-shadow 属性值及其说明

属　性　值	说　　　明
h-shadow	必选,设置水平阴影的位置,即 X 轴偏移量,允许为负值
v-shadow	必选,设置垂直阴影的位置,即 Y 轴偏移量,允许为负值

CSS3 新增属性

续表

属 性 值	说 明
blur	可选,设置阴影模糊距离,在原有的阴影长度上增加模糊度,数值越大越模糊,模糊范围也越大,如同吹气球的效果
spread	可选,设置阴影的尺寸,可对设置好的阴影进行局部放大
color	可选,设置阴影的颜色
inset	可选,将外部阴影(outset)改为内部阴影

使用 box-shadow 属性为元素添加阴影效果,具体代码如例 8-6 所示。

【例 8-6】 为元素添加阴影效果。

```
1    <!DOCTYPE html>
2    <html lang = "en">
3    <head>
4        <meta charset = "UTF - 8">
5        <title>为元素添加阴影效果</title>
6        <style>
7            div{
8                width: 250px;
9                height: 120px;
10               background - color: #f0f0a3;
11               /* 设置阴影效果,X轴偏移量、Y轴偏移量、阴影模糊距离、阴影尺寸、阴影颜色 */
12               box - shadow: 0px 0px 10px 6px #db8e88;
13           }
14       </style>
15   </head>
16   <body>
17       <div>为元素添加阴影效果</div>
18   </body>
19   </html>
```

使用 box-shadow 属性为元素添加阴影效果,其运行效果如图 8-6 所示。

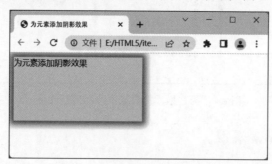

图 8-6 为元素添加阴影的运行效果

 📖 **拓展技能:浏览器前缀**

由于浏览器厂商众多,一些新出现的 CSS3 属性在不同的浏览器上渲染时,会出现兼容问题。为了解决这一问题,可在这些 CSS3 属性上加入浏览器引擎前缀,用于确保此属性只在特定的浏览器渲染引擎下才能识别和生效。浏览器前缀是针对老式浏览器的一种写法,在 CSS3 尚未标准化时,这些浏览器已经开始使用浏览器前缀。当某些 CSS3 样式语法变动时,可以使用这些浏览器前缀,使得浏览器在非标准的前提下正常运行。

根据浏览器内核的不同,浏览器前缀的设置也有不同,常见的浏览器前缀如表 8-8 所示。

表 8-8　常见的浏览器前缀

浏　览　器	内　核	前　缀
Chrome(谷歌浏览器)和 Safari(苹果浏览器)	WebKit 内核	-webkit-
Firefox(火狐浏览器)	Gecko 内核	-moz-
Opera(欧朋浏览器)	Presto 内核	-o-
IE(IE 浏览器)	Trident 内核	-ms-

下面通过一个 CSS3 样式了解如何添加浏览器前缀,如 border-radius 样式可设置圆角边框样式,具体示例代码如下。

```
< style >
    - webkit - border - radius:10px;        / * 兼容 Chrome 和 Safari * /
    - moz - border - radius:10px;           / * 兼容 Firefox * /
    - o - border - radius:10px;             / * 兼容 Opera * /
</style >
```

在目前浏览器中,浏览器前缀一般都可以被省略,直接使用 CSS3 标准写法即可,具体示例代码如下。

```
< style >
    border - radius:10px;                   / * 标准写法 * /
</style >
```

8.4　实例十:登录注册表单

在一个完整的网站中,登录、注册表单是常见的 Web 应用。在进行 Web 设计和编码时,主要从用户界面的设计、用户输入数据的验证和处理、数据的存储和展示这 3 方面考虑用户数据安全性、操作便捷性。

8.4.1　"登录注册表单"页面结构简图

本实例实现一个用户"登录注册表单"页面。该页面由< input >标签中的文本框、密码框和提交按钮控件,以及< div >元素块、< ul >无序列表、< a >超链接、< img >图片标签、< p >段落标签和< span >内联元素构成。"登录注册表单"页面结构简图如图 8-7 所示。

8.4.2　实现"登录注册表单"页面效果

1. 主体结构代码

新建一个 HTML5 文件,以外链方式在该文件中引入 CSS3 文件。首先,在< body >标签中定义一个< div >父容器,并添加 id 名为 login;然后,在父容器中添加 3 个< div >子元素块,将页面整体分为头部、主体和底部 3 部分。具体代码如例 8-7 所示。

图 8-7 "登录注册表单"页面结构简图

【例 8-7】 登录注册表单。

```
1   <!DOCTYPE html>
2   <html lang = "en">
3   <head>
4       <meta charset = "UTF-8">
5       <meta http-equiv = "X-UA-Compatible" content = "IE = edge">
6       <meta name = "viewport" content = "width = device-width, initial-scale = 1.0">
7       <title>登录注册表单</title>
8       <link type = "text/css" rel = "stylesheet" href = "login.css">
9   </head>
10  <body>
11      <!-- 父容器 -->
12      <div id = "login">
13          <!-- 页面头部 -->
14          <div class = "header">
15              <ul class = "pass">
16                  <li><a href = "#">密码登录</a><span class = "line">|</span></li>
17                  <li><a href = "#">验证码登录</a></li>
18              </ul>
19          </div>
20          <!-- 页面主体 -->
21          <div class = "main">
22              <!-- 表单部分 -->
23              <div class = "form">
24                  <!-- 添加一个单行文本框和密码框 -->
25                  <input type = "text" name = "user"  placeholder = "手机号/昵称/邮箱">
26                  <input type = "password" name = "pass"  placeholder = "密码">
27              </div>
28              <!-- 登录协议 -->
```

```html
29          <p class = "agree">登录即同意<a href = "♯">用户协议、隐私政策</a></p>
30          <!-- 添加一个"登录"按钮 -->
31          <div class = "but">
32              <input type = "submit" value = "登录">
33          </div>
34          <!-- 添加"立即注册"和"忘记密码"选项 -->
35          <ul class = "register">
36              <li><a href = "♯">立即注册</a></li>
37              <li><a href = "♯">忘记密码</a></li>
38          </ul>
39      </div>
40      <!-- 页面底部 -->
41      <div class = "footer">
42          <!-- 其他方式登录 -->
43          <ul>
44              <li><img src = "../images/wechat.png" alt></li>
45              <li><img src = "../images/alipay.png" alt></li>
46              <li><img src = "../images/qq.png" alt></li>
47              <li><img src = "../images/weibo.png" alt></li>
48              <li><img src = "../images/du.png" alt></li>
49          </ul>
50      </div>
51  </div>
52 </body>
53 </html>
```

2. CSS3 代码

新建一个 CSS3 文件为 login.css，在该文件中加入设置页面样式的 CSS3 代码。具体代码如下。

```css
1   /* 清除页面默认边距 */
2   *{
3       margin: 0;
4       padding: 0;
5   }
6   /* 为整个页面中的<li>项目列表、<a>超链接和<input>控件设置统一样式 */
7   li{
8       list-style: none;           /* 取消项目列表样式 */
9   }
10  a{
11      text-decoration: none;      /* 取消超链接的文本修饰 */
12  }
13  input{
14      border: none;               /* 去除控件边框 */
15      margin-top: 20px;
16      outline: none;              /* 当获取文本框焦点时,去掉边框效果 */
17  }
18  /* 设置整个页面 body */
19  body{
20      background: url("../images/3.jpg") no-repeat;
21      background-size: cover;
        /* 设置背景图片尺寸,把背景图片扩展至足够大,以使背景图片完全覆盖背景区域 */
22  }
```

```
23    /* 设置登录页面 */
24    #login{
25        width: 420px;
26        height: 423px;
27        background - color: #fff;
28        border: 1px solid #aaa;              /* 设置边框 */
29        border - radius: 10px;               /* CSS3 新特性,设置边框圆角 */
30        box - shadow: 0 0 5px 3px #999;      /* CSS3 新特性,向元素添加阴影 */
31        margin: 30px auto;                   /* 上、下外边距设置为 30px,左右处于居中位置 */
32    }
33    /* 设置页面头部 */
34    .header{
35        width: 340px;
36        height: 50px;
37        margin: 5px auto;
38    }
39    /* 设置 2 个登录标题的父元素列表块 */
40    .pass{
41        width: 245px;
42        margin: 0 auto;
43        overflow: hidden;                    /* 清除浮动影响 */
44    }
45    .pass > li{
46        width: 120px;
47        height: 50px;
48        line - height: 50px;                 /* 设置行高,行高与高的值相等,可使里面的内容居中 */
49        float: left;                         /* 设置左浮动 */
50    }
51    .pass > li a{
52        color: #333;
53        font - size: 20px;
54    }
55    /* 选取第 1 个项目列表中的超链接 */
56    .pass > li:first - child a{
57        font - weight: 700;                  /* 字体加粗 */
58    }
59    .pass > li .line{
60        margin - left: 15px;
61    }
62    /* 设置页面主体 */
63    .main{
64        width: 340px;
65        margin: 0 auto;
66    }
67    /* 设置文本框和密码框 */
68    .form input{
69        display: block;                      /* 转换为块级元素 */
70        width: 100%;
71        height: 45px;
72        background - color: #f6f6f6;
73
74    }
```

```
75    /* 设置输入框提示文本的样式 */
76    .form input::placeholder{
77        color: #666;
78        font - size: 15px;
79    }
80    /* 设置登录协议部分 */
81    .agree{
82        color: #888;
83        font - size: 13px;
84        margin - top: 20px;
85        text - align: center;
86    }
87    .agree a{
88        color: #000;
89        margin - left: 5px;
90    }
91    /* 属性选择器选取,设置登录框 */
92    .but input[type = "submit"]{
93        display: block;
94        width: 340px;
95        height: 50px;
96        background - color: #fc4e48;
97        color: #fff;
98        font - size: 18px;
99        border - radius: 10px;              /* 设置圆角 */
100       box - shadow: 0 0 6px 1px #fc4e48; /* 设置阴影 */
101   }
102   /* 设置"立即注册"和"忘记密码"部分 */
103   .register{
104       width: 250px;
105       margin: 20px auto 0;
106       overflow: hidden;                  /* 清除浮动影响 */
107   }
108   .register li{
109       float: left;                       /* 设置左浮动 */
110       padding: 5px 30px;                 /* 设置内边距 */
111   }
112   .register li a{
113       color: #000;
114   }
115   /* 设置页脚部分的其他登录方式 */
116   .footer{
117       width: 420px;
118       height: 60px;
119       background - color: #f5f6fa;
120       border - radius: 0 0 8px 8px;      /* 为元素右下角、左下角设置圆角 */
121       margin - top: 20px;
122   }
123   /* 设置页脚部分中的无序列表块 */
124   .footer ul{
```

```
125        width: 290px;
126        margin: 0 auto;
127        overflow: hidden;   /* 清除浮动 */
128 }
129 /* 设置无序列表中的项目列表 */
130 .footer li {
131        float: left;
132        margin: 15px 15px;
133 }
134 /* 统一设置项目列表和项目列表中的图片宽、高 */
135 .footer li,.footer img {
136        width: 28px;
137        height: 28px;
138 }
```

在上述 CSS3 代码中,主要设计登录界面的整体的样式,以及对表单控件进行美化。首先,使用 background-size 属性设置背景图片尺寸,使其完全覆盖背景区域。然后,通过 border-radius 属性和 box-shadow 属性为登录界面添加圆角和阴影效果;最后,通过:first-child 结构伪类选择器选取标题里的第 1 个项目列表中的超链接,使用 font-weight 属性加粗标题,再利用 input::placeholder 选取输入框提示文本,改变提示文本样式。值得注意的是,在设计页脚的圆角效果时,只需为元素的右下角与左下角添加圆角效果,这样便能与整个登录界面的圆角效果相互适应。

8.5 本 章 小 结

本章主要学习了 CSS3 新增的属性。通过本章的学习,希望读者能够了解浏览器前缀,掌握 CSS3 新增的文本、背景和边框属性,能够更好地设计出更精美的网页样式。

8.6 习   题

1. 填空题

(1) 在 CSS3 中_____属性可为元素设置圆角效果。

(2) _____属性能够为文本设置阴影效果。

(3) border-image 属性用于为_____添加背景图片。

(4) blur 可用于设置_____的模糊程度。

2. 选择题

(1) 若要使图片扩展至最大尺寸,以使其宽度和高度完全适应内容区域,则应该将 background-size 属性值设置为(   )。

    A. auto   B. 100%   C. cover   D. contain

(2) 下列不属于 box-shadow 属性值的是(   )。

    A. alpha   B. blur   C. inset   D. color

(3) 在 CSS3 中,可用于设置元素背景图片平铺后裁切的位置的属性是(   )。

    A. background-origin   B. background-clip

  C. background-size   D. background-image

（4）下列可用于设置边框的图片路径的属性是（   ）。

  A. border-image-source   B. border-image-slice

  C. border-image-outset   D. border-image-repeat

3. 思考题

简述 box-shadow 属性的 6 个值的含义。

第9章　CSS3 高级动画

学习目标

- 掌握 CSS3 中 transition 属性和 cubic-bezier 函数的用法。
- 掌握项目封面过渡效果实例的实现方式。
- 掌握 CSS3 中的 2D 和 3D transform 变形的相关属性和方法的使用。
- 掌握 2D 变形小贺卡实例的实现方式。
- 掌握 3D 立体相册实例的实现方式。
- 掌握 CSS3 中@keyframes 规则和 animation 属性的用法。
- 掌握轮播图动画实例的实现方式。

在早期的 Web 设计中,通常依赖于 Flash 或 JavaScript 脚本来实现网页中的动画或特效。但在后期的 Web 设计中,CSS3 提供了对动画的强大支持,CSS3 动画包括 transition 过渡、transform 变形和 animation 动画 3 大模块。transition 过渡可实现 CSS 属性的过渡变化,transform 变形可对网页元素进行变形操作,animation 动画可实现帧动画的效果,CSS3 动画的应用极大地带动了网页设计的灵活性。

9.1　transition 过渡

在 CSS3 中,可以利用 transition 属性使元素的某一个属性在指定的时间内从"一个属性值"平滑过渡到"另外一个属性值",从而实现动画效果。

9.1.1　transition 属性

CSS3 的 transition 属性允许 CSS 的属性值在一定的时间区间内平滑地过渡。这种效果可以在光标单击、光标移过、获得焦点或对元素的任何改变中触发,即平滑地以动画效果改变 CSS 的属性值。

若通过触发 hover 伪类实现样式的变化,其效果是非常生硬的,如图 9-1 所示。

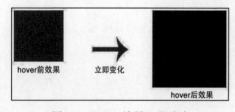

图 9-1　hover 效果立即改变

CSS3 中的过渡能够使元素的样式变化过程更柔和,让用户拥有更好的视觉体验。transition 属性是一个简写属性,主要包含 transition-property、transition-duration、transition-delay 和 transition-timing-function 这 4 个子属性。接下来将具体介绍这 4 个属性。

1. transition-property 属性

transition-property 属性规定需要使用过渡效果的 CSS 属性的名称,也就是表明需要对元素的哪一个属性进行过渡操作。transition-property 属性的语法格式如下。

```
transition – property: none | all | property ;
```

transition-property 属性值及其说明如表 9-1 所示。

表 9-1   transition-property 属性值及其说明

属 性 值	说 明
none	表示没有属性获得过渡效果
all	表示所有属性获得过渡效果
property	定义应用过渡效果的 CSS 属性的名称列表,列表以","(逗号)分隔

2. transition-duration 属性

transition-duration 属性表示过渡的持续时间,单位可以设置成 s(秒)或 ms(毫秒)。transition-duration 属性的语法格式如下。

```
transition – duration: time;
```

3. transition-delay 属性

transition-delay 属性表示执行过渡效果的延迟时间,默认值为 0,单位是 s(秒)或 ms(毫秒)。transition-delay 属性的语法格式如下。

```
transition – delay: time;
```

动画延迟时间的数值不仅可以是正数,还可以是负数,过渡效果会从指定时间点开始,之前的动作不执行。例如,将属性值设置为 $-2s$ 时,过渡会直接跳过前 2s,即前 2s 的过渡不执行。

使用 transition-property 属性、transition-duration 属性和 transition-delay 属性实现元素背景颜色的过渡效果,具体代码如例 9-1 所示。

【例 9-1】 背景颜色过渡。

```
1    <! DOCTYPE html >
2    < html lang = "en">
3    < head >
4        < meta charset = "UTF – 8">
5        <title>背景颜色过渡</title>
6        < style >
7            .box{
8                width: 250px;
9                height: 150px;
10               background – color: #dfd086;
11               font – size: 18px;
12               / * 添加过渡效果,过渡属性、持续时间、延迟时间 * /
13               transition: background – color 3s 1s;
14           }
15           .box:hover{
16               font – size: 30px;
17               background – color: #6793db;
```

```
18              }
19          </style>
20      </head>
21      <body>
22          <div class="box">背景颜色过渡</div>
23      </body>
24  </html>
```

背景颜色过渡效果前的原始状态如图 9-2 所示。

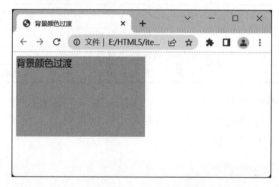

图 9-2　背景颜色过渡前的原始状态

通过 transition 属性实现元素过渡效果,其过渡过程中的状态如图 9-3 所示。

图 9-3　背景颜色过渡过程中的状态

通过 transition 属性实现元素过渡效果,其最终状态如图 9-4 所示。

图 9-4　背景颜色过渡后的最终状态

在例 9-1 中,由于 transition-property 属性值为 background-color,因此只有背景颜色产生过渡效果。当触发 hover 伪类时,字体大小是立即发生变化的,而背景颜色是延迟 1s 之后,开始逐渐平滑地触发过渡效果,整个过渡过程为 3s。

4. transition-timing-function 属性

transition-timing-function 属性表示过渡的速度曲线,指定过渡将以何种状态或速度完成一个周期。transition-timing-function 属性的语法格式如下。

```
transition-timing-function: value;
```

transition-timing-function 属性值及其说明如表 9-2 所示。

表 9-2　transition-timing-function 属性值及其说明

属 性 值	说 明
ease	默认值。动画以低速开始,然后转为快速,最后在动画结束前转为低速
linear	匀速。动画从开始到结束始终保持相同的速度
ease-in	动画以低速开始
ease-out	动画以低速结束
ease-in-out	动画以低速开始并以低速结束
cubic-bezier(n,n,n,n)	在 cubic-bezier 函数中自定义贝塞尔曲线的效果,其中的 4 个参数为从 0 到 1 的数字
step-start	在变化过程中,都是以下一帧的显示效果来填充间隔动画的
step-end	在变化过程中,都是以上一帧的显示效果来填充间隔动画的
steps()	可传入两个参数,第一个是大于 0 的整数,将动画等分成指定数目的小间隔动画,根据第二个参数来决定显示效果。第二个参数设置后和 step-start、step-end 同义,在分成的小间隔动画中判断显示效果

transition-timing-function 属性常用的 5 种速度曲线如图 9-5 所示。

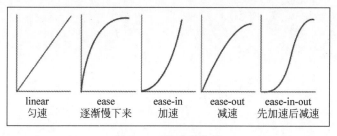

图 9-5　5 种速度曲线

9.1.2　cubic-bezier *函数*

除了简单的速度曲线之外,transition 属性还提供了 cubic-bezier 函数,也就是贝塞尔曲线。贝塞尔曲线是应用于二维图形应用程序的数学曲线,可以通过 http://cubic-bezier.com(贝塞尔官网,如图 9-6 所示)来获取想要设置的样式。

cubic-bezier 函数用于定义元素的速度曲线,使用 transition 属性将一个文本元素从父容器的顶部过渡到底部,其中,过渡的属性有背景颜色、字体颜色、字体大小和元素外边距,具体代码如例 9-2 所示。

172

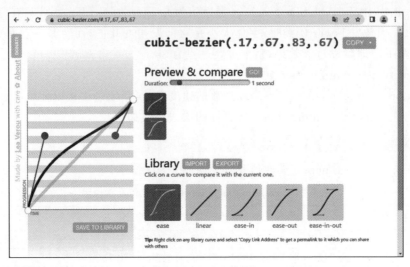

图 9-6　贝塞尔官网

【例 9-2】　贝塞尔曲线。

```
1    <! DOCTYPE html >
2    < html lang = "en">
3    < head >
4        < meta charset = "UTF - 8">
5        < title>贝塞尔曲线</title>
6        < style >
7            / * 取消页面默认边距 * /
8            * {
9                margin: 0;
10               padding: 0;
11           }
12           / * 父容器 * /
13           . box{
14               width: 500px;
15               height: 200px;
16               border: 1px solid #333;        / * 添加边框 * /
17               margin: 20px;                   / * 添加外边距 * /
18           }
19           / * 文本元素 * /
20           p{
21               width: 400px;
22               height: 50px;
23               line - height: 50px;          / * 设置行高与元素高度相等,元素内容垂直居中 * /
24               text - align: center;          / * 元素内容水平居中 * /
25               background - color: #c5eec8;   / * 添加背景颜色 * /
26               font - size: 16px;             / * 设置字体大小 * /
27               margin: 0 auto;                / * 设置外边距,元素在父容器中水平方向居中 * /
28               transition: all 3s cubic - bezier(.13,.45,.87,.59);   / * 添加过渡效果、过渡
    属性、持续时间、速度曲线 * /
29               - webkit - transition: all 3s cubic - bezier(.13,.45,.87,.59);
30           }
```

```
31          /* 当光标移至父容器时,文本元素改变样式,实现过渡效果 */
32          .box:hover p{
33              background - color: #da9696;          /* 过渡背景颜色 */
34              color: #44587c;                       /* 过渡字体颜色 */
35              font - size: 22px;                    /* 过渡字体大小 */
36              margin: 150px auto;                   /* 过渡外边距 */
37          }
38      </style>
39  </head>
40  <body>
41      <!-- 父容器 -->
42      <div class = "box">
43          <!-- 文本元素 -->
44          <p>夜深江月弄清辉,水上人歌月下归</p>
45      </div>
46  </body>
47  </html>
```

使用 cubic-bezier 函数实现过渡的速度曲线,其原始状态如图 9-7 所示。

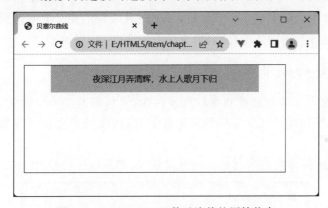

图 9-7   cubic-bezier 函数过渡前的原始状态

使用 cubic-bezier 函数实现过渡的速度曲线,其过渡过程中的状态如图 9-8 所示。

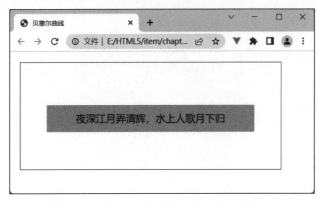

图 9-8   cubic-bezier 函数过渡过程中的状态

使用 cubic-bezier 函数实现过渡的速度曲线,其最终状态如图 9-9 所示。

图 9-9 cubic-bezier 函数过渡后的最终状态

9.2 实例十一：产品封面过渡效果

当用户在网站中想要浏览一个产品时,首先映入眼帘的便是其宣传封面。一个精美简约的封面能极大地提升用户体验,并获得更高的关注度。

9.2.1 产品封面效果图

本实例是实现一个具有过渡效果的产品封面,该页面由< div >元素块、< img >图片标签、< p >段落标签等构成。当光标移到父容器上时,过渡元素会从父容器底部平滑地移动到页面中。

使用 transition 属性实现产品封面的过渡效果,其原始状态如图 9-10 所示。

图 9-10 产品封面过渡前的原始状态

使用 transition 属性实现产品封面的过渡效果,其最终状态如图 9-11 所示。

图 9-11　产品封面过渡后的最终状态

9.2.2　实现产品封面过渡效果

1. 主体结构代码

新建一个 HTML5 文件，以外链方式在该文件中引入 CSS3 文件。首先，<body>标签中定义一个<div>父容器，并添加 id 名为 cover_item。然后，在父容器中添加 4 个<div>子元素，将页面整体分为产品封面图片、标题、信息和文本 4 个区域来介绍。具体代码如例 9-3 所示。

【例 9-3】　产品封面过渡效果。

```
1   <!DOCTYPE html>
2   <html lang = "en">
3   <head>
4       <meta charset = "UTF - 8">
5       <title>产品封面过渡效果</title>
6       <link type = "text/css" rel = "stylesheet" href = "cover.css">
7   </head>
8   <body>
9       <!-- 父容器 -->
10      <div class = "cover_item">
11          <!-- 产品封面图片 -->
12          <div class = "img_box">
13              <img src = "../images/cover.png" alt = "">
14              <!-- 播放按钮图片 -->
15              <div class = "play">
16                  <img src = "../images/playback.png" alt = "">
17              </div>
18          </div>
19          <!-- 产品封面标题 -->
20          <p class = "title_box"> React 后台管理系统 </p>
21          <!-- 产品封面信息 -->
22          <div class = "info_box">
23              <!-- 类别标签 -->
24              <span class = "tag">项目</span>
```

```
25              <!-- 学习人数 -->
26              < span class = "num">2000 + 人学习</span>
27          </div>
28      <!-- 产品封面文本介绍 -->
29      < div class = "text_box">
30              < p>本项目是一个使用 React + Antd 开发的商城系统的管理后台,里面包含一个管
    理后台的基础功能,如登录判断、接口调用、数据展示和编辑、文件上传等功能。
31                      通过此项目,可以学习到 React 的一些常见用法和 Antd 中常用组件的使用方
    法。学习到如何通过 React 快速进行项目开发,学会使用 Redux 对数据进行集中式管理。</p>
32          </div>
33      </div>
34 </body>
35 </html>
```

2. CSS3 代码

新建一个 CSS3 文件为 cover.css,在该文件中加入设置页面样式的 CSS3 代码,具体代码如下。

```
1   /* 取消页面默认边距 */
2   *{
3       margin: 0;
4       padding: 0;
5   }
6   /* 父容器 */
7   .cover_item{
8       width: 280px;
9       height: 268px;
10      position: relative;
11      background - color: #f2ebe0;
12      overflow: hidden;                            /* 清除异常显示效果 */
13      margin: 30px auto;
14      border - radius: 6px;                         /* 添加圆角 */
15      box - shadow: 0 0 10px 0 rgba(102, 106, 113, 0.5);   /* 设置阴影效果 */
16  }
17  /* 产品封面图片区域 */
18  .cover_item .img_box{
19      width: 100%;
20      height: 162px;
21      position: relative;
22  }
23  /* 产品封面图片 */
24  .cover_item .img_box img{
25      display: block;
26      width: 100%;
27      height: 100%;
28      object - fit: cover;                          /* 使图片自适应被裁剪 */
29  }
30  /* 播放按钮区域 */
31  .cover_item .img_box .play{
32      display: none;                               /* 隐藏该元素 */
33      width: 100%;
34      height: 100%;
35      position: absolute;                          /* 添加绝对定位 */
```

```css
36        top: 0;
37        left: 0;
38        background - color: rgba(51,51,51,.5);
39    }
40    /* 播放按钮图片 */
41    .cover_item .img_box .play img{
42        width: 40px;
43        height: 40px;
44        /* 设置图片位于正中位置 */
45        position: absolute;
46        top: 0;
47        bottom: 0;
48        left: 0;
49        right: 0;
50        margin: auto;
51    }
52    /* 当光标移入时显示该元素 */
53    .cover_item:hover .play{
54        display: block;
55    }
56    /* 产品封面标题 */
57    .cover_item .title_box{
58        width: 100%;
59        height: 22px;
60        line - height: 22px;
61        /* 文本超出元素则使用省略号 */
62        white - space: nowrap;
63        overflow: hidden;
64        text - overflow: ellipsis;
65        - o - text - overflow: ellipsis;
66        font - size: 16px;
67        padding: 0 14px;
68        font - weight: bolder;    /* 字体加粗 */
69        margin - top: 16px;
70    }
71    /* 产品封面信息 */
72    .cover_item .info_box{
73        width: 100%;
74        height: 24px;
75        margin - top: 27px;
76        line - height: 24px;
77        padding - left: 14px;
78    }
79    /* 类别标签 */
80    .cover_item .info_box .tag{
81        background - color: rgba(255,54,49,.2);
82        border - radius: 3px;    /* 添加圆角 */
83        color: #f01612;
84        line - height: 18px;
85        padding: 3px 10px;
86        font - size: 13px;
87    }
88    /* 学习人数 */
```

```
89    .cover_item .info_box .num{
90        font - size: 14px;
91        font - weight: 400;
92        color: #666;
93        line - height: 24px;
94        padding - left: 100px;
95    }
96    /* 产品封面文本介绍区域 */
97    .cover_item .text_box{
98        width: 100%;
99        height: 128px;
100       position: absolute;
101       bottom: - 128px;              /* 距离底部 - 128px,即自身的高度为 128px */
102       left: 0;
103       box - sizing: border - box;    /* 转换为 IE 盒子模型 */
104       padding: 20px;
105       background - color: #fff;
106       font - size: 12px;
107       font - weight: 400;
108       color: #333;
109       line - height: 23px;
110       transition: all 3s linear;    /* 添加过渡效果 */
111   }
112   /* 产品封面文本介绍 */
113   .cover_item .text_box p{
114       /* 多行文本添加省略号 */
115       overflow: hidden;
116       text - overflow: ellipsis;
117       display: - webkit - box;
118       - webkit - line - clamp: 4;     /* 在第 4 行进行裁剪 */
119       - webkit - box - orient: vertical;
120   }
121   /* 当光标移入时,该元素实现过渡 */
122   .cover_item:hover .text_box{
123       bottom: 0;                      /* 改变元素位置,元素向上移动 */
124       color: #395288;
125   }
```

在上述 CSS3 代码中,产品封面文本介绍区域中的过渡效果是本节的重点内容。首先,使用 position:absolute 为元素添加绝对定位,将其定位在距离底部-128px 的位置,即自身的高度。然后,使用 box-sizing 属性将元素转换为 IE 盒子模型,避免在为元素添加内边距时会改变其宽度,以及使用 text-overflow 属性为元素中的多行文本内容添加省略号。最后,使用 transition 属性为元素添加过渡效果,当光标移入父容器时,文本介绍区域从父容器底部平滑地移动到页面中。

9.3　CSS3 2D 变形

在 CSS3 中,2D 变形是使用 transform 属性来实现文字或图像的各种变形效果的,如位移、旋转、缩放、倾斜等。这些变形方法的使用使网页效果更丰富,可更好地提升用户体验。

9.3.1 transform-origin 属性

CSS3 中位移、旋转、缩放和倾斜均默认以元素的中心为原点进行变形,开发者可通过 transform-origin 属性设置原点的位置,一旦原点的位置改变,变形的效果也随之改变。

1. 语法格式

transform-origin 属性可用来设置 transform 变形的原点位置。默认情况下,原点位置为元素的中心点。transform-origin 属性的语法格式如下。

```
transform - origin: x - axis y - axis z - axis;
```

2. 属性值

transform-origin 属性值可取位置、百分数或像素值,如表 9-3 所示。

表 9-3   transform-origin 属性值及其说明

名　　称	说　　明	值
x-axis	X 轴原点坐标	位置(left、center、right)/百分数/像素值
y-axis	Y 轴原点坐标	位置(top、center、bottom)/百分数/像素值
z-axis	Z 轴原点坐标	数值

由于 2D 变形不涉及 Z 轴,因此 transform-origin 属性可不设置 Z 轴的原点坐标。transform-origin 属性的 3 种可取值,其示例代码如下。

```
transform - origin:right bottom;
transform - origin:40 % 65 % ;
transform - origin:18px 30px;
```

9.3.2 translate()方法

translate()方法是 2D 变形的一种位移方法。translate()方法用于实现元素的位移操作,在 CSS3 中,可以使用 translate()方法使元素沿着水平方向(X 轴)和垂直方向(Y 轴)移动。translate()方法与 relative(相对定位)类似,元素位置的改变不会影响其他元素。

1. 语法格式

translate()方法的语法格式如下。

```
transform:translate(x,y);
```

或

```
transform:translateX(n);
transform:translateY(n);
```

2. 方法说明

translate()方法可以改变元素的位置,元素以自身位置为基准进行移动,其参数可为正数或负数,单位为 px(像素)或％(百分比)。translate()方法可分为 3 种情况,具体说明如表 9-4 所示。

CSS3 高级动画

表 9-4 translate( )方法及其说明

方　　法	说　　明
translate(x,y)	元素在水平方向(X 轴)和垂直方向(Y 轴)同时移动
translateX(n)	元素在水平方向(X 轴)移动,当 n 值为正数时,以自身位置为基准向右移动
translateY(n)	元素在垂直方向(Y 轴)移动,当 n 值为正数时,以自身位置为基准向下移动

需要注意的是,原点的改变不会影响元素的位移效果。

3. 演示说明

使用 translate( )方法使元素以自身位置为基准进行移动,具体代码如例 9-4 所示。

【例 9-4】 2D 位移。

```
1   <!DOCTYPE html>
2   <html lang = "en">
3   <head>
4       <meta charset = "UTF - 8">
5       <title>2D 位移</title>
6       <style>
7           /* 取消页面默认边距 */
8           * {
9               margin: 0;
10              padding: 0;
11          }
12          .box{
13              width: 400px;
14              height: 120px;
15              border: 1px solid #000;
16              margin: 10px auto;
17          }
18          /* 使用属性选择器选取元素,统一设置 4 个元素的宽高 */
19          div[class * = 'shift']{
20              width: 280px;
21              height: 60px;
22              font - size: 20px;
23          }
24          /* 第 1 个元素,水平位移 */
25          .shift - 1{
26              background - color: #dbeac4;
27              transform: translateX(50px);
28          }
29          /* 第 2 个元素,垂直位移 */
30          .shift - 2{
31              background - color: #ecdcb9;
32              transform: translateY(50px);
33          }
34          /* 第 3 个元素,水平及垂直方向同时位移 */
35          .shift - 3{
36              background - color: #a1bee1;
37              transform: translate(50px,50px);
38          }
39          /* 第 4 个元素,值为负数 */
40          .shift - 4{
41              background - color: #d8b3e4;
```

```
42              transform: translate( - 40px, - 20px); / *  元素向左位移 40px,向上位移 20px * /
43          }
44      </style>
45  </head>
46  <body>
47      <div class = "box">
48          <div class = "shift - 1">1.元素在 x 轴水平方向位移 50px</div>
49      </div>
50      <div class = "box">
51          <div class = "shift - 2">2.元素在 y 轴垂直方向位移 50px</div>
52      </div>
53      <div class = "box">
54          <div class = "shift - 3">3.元素在 x 轴和 y 轴方向同时位移 50px</div>
55      </div>
56      <div class = "box">
57          <div class = "shift - 4">4.元素在 x 轴方向位移 - 40px,y 轴方向位移 - 20px</div>
58      </div>
59  </body>
60  </html>
```

使用 translate()位移方法让元素以自身位置为基准进行移动,运行效果如图 9-12
所示。

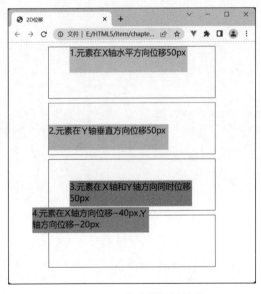

图 9-12   2D 位移的运行效果

9.3.3   rotate()方法

rotate()方法是 2D 变形的一种旋转方法。rotate()方法用于实现元素的旋转操作,在
CSS3 中,可以使用 rotate()方法使元素基于原点进行旋转。

1. 语法格式

rotate()方法的语法格式如下。

```
transform:rotate(度数);
```

CSS3 高级动画

2. 方法说明

rotate()方法可根据给定的角度顺时针或逆时针旋转元素,其旋转角度可为正数或负数,单位是 deg(角度单位),取值范围为 0~360。当角度值为正数时,以顺时针(默认)方向进行旋转;当角度值为负数时,以逆时针方向进行旋转。

rotate()方法采用就近旋转目标角度的原则,当旋转角度大于或等于 180 时,会逆时针旋转,如设置值为 300deg,则会逆时针旋转 60deg。

原点的改变会影响旋转效果,rotate()方法默认以元素中心为原点进行旋转。

3. 演示说明

使用 rotate()方法对元素进行旋转操作,具体代码如例 9-5 所示。

【例 9-5】 2D 旋转。

```
1   <!DOCTYPE html>
2   <html lang = "en">
3   <head>
4       <meta charset = "UTF-8">
5       <title>2D 旋转</title>
6       <style>
7           /* 取消页面默认边距 */
8           *{
9               margin: 0;
10              padding: 0;
11          }
12          .box{
13              width: 280px;
14              height: 150px;
15              border: 1px solid #000;              /* 添加边框 */
16              margin: 100px 10px 0;                /* 添加外边距,上、左、右、下 */
17              float: left;                         /* 设置左浮动 */
18          }
19          /* 统一设置 4 个元素 */
20          div[class * = 'rotate']{
21              width: 200px;
22              height: 80px;
23              font-size: 20px;
24          }
25          .rotate-1{
26              background-color: rgba(233, 172, 172, 0.8); /* 背景颜色透明 */
27              transform: rotate(30deg);            /* 顺时针旋转 30 度 */
28          }
29          .rotate-2{
30              background-color: rgba(158, 177, 216, 0.8);
31              transform: rotate(-30deg);           /* 逆时针旋转 30 度 */
32          }
33          .rotate-3{
34              background-color: rgba(192, 153, 200, 0.8);
35              transform-origin: right bottom;      /* 改变原心为右下角 */
36              transform: rotate(30deg);            /* 顺时针旋转 30 度 */
37          }
38          .rotate-4{
39              background-color: rgba(198, 216, 142, 0.8);
```

182

```
40                 transform: rotate(280deg);  /* 旋转280度 */
41            }
42       </style>
43 </head>
44 <body>
45     <div class = "box">
46         <div class = "rotate - 1">1.旋转30度(顺时针)</div>
47     </div>
48     <div class = "box">
49         <div class = "rotate - 2">2.旋转 - 30度(逆时针)</div>
50     </div>
51     <div class = "box">
52         <div class = "rotate - 3">3.改变圆心为右下角,顺时针旋转30度</div>
53     </div>
54     <div class = "box">
55         <div class = "rotate - 4">4.旋转280度(逆时针旋转80度)</div>
56     </div>
57 </body>
58 </html>
```

使用 rotate()方法对元素进行旋转操作,运行效果如图 9-13 所示。

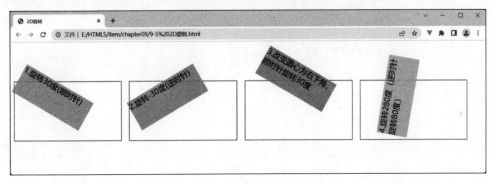

图 9-13　2D 旋转的运行效果

9.3.4　scale()方法

scale()方法是 2D 变形的一种缩放方法。scale()方法用于实现元素的缩放操作,缩放指的是元素缩小或放大。在 CSS3 中,可以使用 scale()方法将元素基于原点进行缩放。

1. 语法格式

scale()方法的语法格式如下。

```
transform:scale(w,h);
```

或

```
transform:scaleX(w);
transform:scaleY(h);
```

2. 方法说明

scale()方法根据给定的宽度和高度参数增加或减少元素的大小,其参数可为正数或负数,单位是 deg(角度单位)。scale()方法可分为 3 种情况,具体说明如表 9-5 所示。

CSS3 高级动画

表 9-5　scale()方法及其说明

方　法	说　明
scale(w,h)	元素在水平方向(X 轴)和垂直方向(Y 轴)同时缩放。当两个参数值一样时,可以只写一个
scaleX(w)	元素在水平方向(X 轴)缩放,w 值为宽度缩放的比例值
scaleY(h)	元素在垂直方向(Y 轴)缩放,h 值为高度缩放的比例值

当比例值为 0~1 时,表示元素缩小;当比例值大于 1 时,表示元素放大;当比例值为 1 时,元素处于默认状态,既不放大,也不缩小;当比例值为负数时,元素镜像翻转后再缩放。

原点的改变会影响缩放效果,scale()方法默认以元素中心为原点进行缩放,利用 scale()方法进行缩放的元素不会影响网页的布局。

3. 演示说明

使用 scale()方法对元素进行缩放操作,具体代码如例 9-6 所示。

【例 9-6】 2D 缩放。

```
1   <!DOCTYPE html >
2   < html lang = "en">
3   < head >
4       < meta charset = "UTF - 8">
5       <title>2D 缩放</title>
6       <style>
7           /* 取消页面默认边距 */
8           * {
9               margin: 0;
10              padding: 0;
11          }
12          /* 统一设置 6 个正方形元素 */
13          div{
14              width: 120px;
15              height: 120px;
16              border: 1px solid #000;              /* 添加边框 */
17              font - size: 20px;
18              margin: 30px 20px;                   /* 添加外边距 */
19              float: left;                         /* 设置左浮动 */
20          }
21          .scale - 1{
22              transform: scaleX(1);                /* 不变化 */
23          }
24          .scale - 2{
25              transform: scaleX(1.5);              /* 水平方向放大 1.5 倍 */
26          }
27          .scale - 3{
28              transform: scaleY(0.8);              /* 垂直方向缩小 0.8 倍 */
29          }
30          .scale - 4{
31              transform: scale(0.8);               /* 整体缩小 0.8 倍 */
32          }
33          .scale - 5{
34              transform: scale( - 0.8);            /* 整体缩小 - 0.8 倍(镜像翻转) */
35          }
36          .scale - 6{
37              transform - origin: left top;        /* 改变原心为左上角 */
```

```
38              transform: scale(1.5);   /* 放大 1.5 倍 */
39          }
40      </style>
41  </head>
42  <body>
43      <div class = "scale - 1">1.元素原始形状</div>
44      <div class = "scale - 2">2.水平方向放大 1.5 倍</div>
45      <div class = "scale - 3">3.垂直方向缩小为原来的 1/8</div>
46      <div class = "scale - 4">4.水平和垂直方向同时缩小为原来的 1/8</div>
47      <div class = "scale - 5">5.水平和垂直方向同时缩小为原来的 - 1/8(镜像翻转)</div>
48      <div class = "scale - 6">6.改变原心为左上角,放大 1.5 倍</div>
49  </body>
50  </html>
```

使用 scale()方法对元素进行缩放,运行效果如图 9-14 所示。

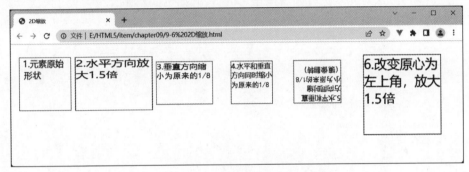

图 9-14　2D 缩放的运行效果

9.3.5　skew()方法

skew()方法是 2D 变形的一种倾斜方法。skew()方法用于实现元素的倾斜操作,在 CSS3 中,可以使用 skew()方法让元素倾斜显示。

1. 语法格式

skew()方法的语法格式如下。

```
transform:skew(x,y);
```

或

```
transform:skewX(x);
transform:skewY(y);
```

2. 方法说明

skew()方法使元素沿指定方向倾斜给定角度,可以使一个元素的中心位置围绕着 X 轴和 Y 轴按照一定的角度进行倾斜。角度值表示元素的倾斜角度,可为正数或负数,单位是 deg(角度单位)。skew()方法可分为 3 种情况,具体说明如表 9-6 所示。

表 9-6　skew()方法及其说明

方　　法	说　　明
skew(x,y)	元素在水平方向(X 轴)和垂直方向(Y 轴)同时倾斜,即元素沿水平方向(X 轴)和垂直方向(Y 轴)倾斜给定角度

第 9 章

CSS3 高级动画

方　　法	说　　明
skewX(x)	元素在水平方向(X 轴)倾斜,即元素沿水平方向(X 轴)倾斜给定角度
skewY(y)	元素在垂直方向(Y 轴)倾斜,即元素沿垂直方向(Y 轴)倾斜给定角度

参数 x 和 y 的取值范围为 $-360 \sim 360$。参数 x 表示元素在 X 轴方向的倾斜度数,如果度数为正值,则表示元素沿 X 轴方向逆时针倾斜;如果度数为负值,则表示元素沿 X 轴方向顺时针倾斜。参数 y 表示元素在 Y 轴方向的倾斜度数,如果度数为正值,则表示元素沿 Y 轴方向顺时针倾斜;如果度数为负值,则表示元素沿 Y 轴方向逆时针倾斜。

原点位置的改变会影响倾斜效果,skew()方法默认以元素中心为原点进行倾斜。

3. 演示说明

使用 skew()方法对元素进行倾斜操作,具体代码如例 9-7 所示。

【例 9-7】　2D 倾斜。

```
1   <!DOCTYPE html >
2   < html lang = "en">
3   < head >
4       < meta charset = "UTF - 8">
5       < title > 2D 倾斜</title>
6   </head >
7   < body >
8       < style >
9           /* 取消页面默认边距 */
10          * {
11              margin: 0;
12              padding: 0;
13          }
14          .box{
15              width: 200px;
16              height: 100px;
17              border: 1px dashed #000;              /* 添加边框 */
18              margin: 80px 40px 0;                  /* 添加外边距,上、左、右、下 */
19              float: left;                          /* 设置左浮动 */
20          }
21          /* 统一设置 6 个元素 */
22          div[class* = 'skew']{
23              width: 200px;
24              height: 100px;
25              font - size: 20px;
26          }
27          .skew - 1{
28              background - color: rgba(146, 171, 208, 0.8);  /* 背景颜色透明 */
29              transform: skew(35deg);               /* X轴和 Y轴同时倾斜 35 度 */
30          }
31          .skew - 2{
32              background - color: rgba(234, 200, 164, 0.8);
33              transform: skewX(35deg);              /* X轴倾斜 35 度 */
34          }
35          .skew - 3{
36              background - color: rgba(167, 220, 188, 0.8);
37              transform: skewY(35deg);              /* Y轴倾斜 35 度 */
38          }
```

```
39          .skew-4{
40              background-color: rgba(195, 147, 213, 0.8);
41              transform: skew(-35deg);              /* X轴和Y轴同时倾斜-35度 */
42          }
43          .skew-5{
44              background-color: rgba(225, 215, 158, 0.8);
45              transform: skew(90deg);               /* 倾斜90度,没有图像 */
46          }
47          .skew-6{
48              background-color: rgba(232, 140, 140, 0.8);
49              transform-origin: left top;           /* 改变原点为左上角 */
50              transform: skew(35deg);               /* 倾斜35度 */
51          }
52      </style>
53 </head>
54 <body>
55      <div class="box">
56          <div class="skew-1">1.X轴和Y轴同时倾斜35度</div>
57      </div>
58      <div class="box">
59          <div class="skew-2">2.X轴方向倾斜35度(逆时针)</div>
60      </div>
61      <div class="box">
62          <div class="skew-3">3.Y轴方向倾斜35度(顺时针)</div>
63      </div>
64      <div class="box">
65          <div class="skew-4">4.X轴和Y轴同时倾斜-35度</div>
66      </div>
67      <div class="box">
68          <div class="skew-5">5.倾斜90度,没有图像</div>
69      </div>
70      <div class="box">
71          <div class="skew-6">6.改变原点为左上角,倾斜35度(逆时针)</div>
72      </div>
73 </body>
74 </html>
```

使用skew()方法对元素进行倾斜操作,运行效果如图9-15所示。

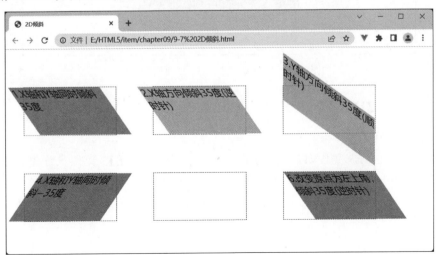

图 9-15　2D 倾斜的运行效果

9.4　实例十二：2D 变形小贺卡

中秋节在我国的传统文化中占有重要的地位。中秋节展现了丰富的民族文化,是我国的传统节日之一,它有着独特的文化内涵,象征着亲人团圆、社会和谐与家国情怀。继承和弘扬中秋节文化具有十分重大的意义。

9.4.1　"2D 变形小贺卡"页面结构简图

本实例是实现一个中秋节的"2D 变形小贺卡"页面。当光标移入图标模块上时,赋予其过渡效果,即过渡背景颜色,图标缩小为原来的 1/9 并旋转 360 度;当光标移入标题上时,标题放大 1.1 倍;当光标移入图片展示模块上时,图片展示模块中的左右两边的图片同时向外展开。该页面由<div>元素块、<h3>标题标签、<img>图片标签、<p>段落标签、<ul>无序列表等构成。"2D 变形小贺卡"页面结构简图如图 9-16 所示。

图 9-16　"2D 变形小贺卡"页面结构简图

9.4.2　实现"2D 变形小贺卡"页面效果

1. 主体结构代码

新建一个 HTML5 文件,以外链方式在该文件中引入 CSS3 文件。首先,<body>标签中定义一个<div>父容器,并添加 id 名为 card。然后,在父容器中添加 3 个<div>子元素,将页面整体分为图标模块、文本模块和图片展示模块 3 个区域。具体代码如例 9-8所示。

【例 9-8】 2D 变形小贺卡。

```html
1   <!DOCTYPE html>
2   <html lang = "en">
3   <head>
4       <meta charset = "UTF-8">
5       <title>2D 变形小贺卡</title>
6       <link type = "text/css" rel = "stylesheet" href = "transform.css">
7   </head>
8   <body>
9     <!-- 父容器 -->
10      <div id = "card">
11          <!-- 图标模块 -->
12          <div class = "icon">
13              <img src = "../images/mid.png" alt = "">
14          </div>
15          <!-- 文本模块 -->
16          <div class = "details">
17              <!-- 标题 -->
18              <h3>中秋小贺卡</h3>
19              <!-- 段落文本 -->
20              <p>
21                  海上生明月,天涯共此时,花好月圆人团聚,平安喜乐相伴。祝愿所有朋友
    中秋快乐!
22              </p>
23          </div>
24          <!-- 图片展示模块 -->
25          <ul class = "show">
26              <li class = "first"><img src = "../images/8.png" alt = "展开图片"></li>
27              <li class = "second"><img src = "../images/9.png" alt = ""></li>
28              <li class = "third"><img src = "../images/10.png" alt = ""></li>
29          </ul>
30      </div>
31  </body>
32  </html>
```

2. CSS3 代码

新建一个 CSS3 文件为 transform.css,在该文件中加入设置页面样式的 CSS3 代码,具体代码如下。

```css
1   /* 取消页面默认边距 */
2   *{
3       margin: 0;
4       padding: 0;
5   }
6   #card{
7       width: 500px;
8       background-color: rgba(244, 244, 241, 0.6);
9       border: 2px solid #ccc;          /* 添加边框 */
10      border-radius: 15px;             /* 添加圆角效果 */
11      margin: 20px auto;               /* 添加外边距 */
12  }
13  /* 图标模块 */
14  .icon {
```

```
15          width: 100px;
16          height: 100px;
17          background - color: rgba(169, 186, 222, 0.5);
18          border - radius: 50px;                    /* 添加圆角,角度为宽度的 50%,即圆形效果 */
19          margin: 10px auto 0;                       /* 添加外边距,上、左、右、下 */
20          position: relative;                        /* 添加相对定位 */
21          transition: all 3s linear;                 /* 过渡效果,过渡持续 3s、匀速 */
22     }
23     /* 图标 */
24     img{
25          display: block;                            /* 转换为元素块 */
26          width: 68%;
27          height: 68%;
28          position: absolute;                        /* 添加绝对定位 */
29          left: 0;                                   /* 位置属性,设置正中心位置 */
30          right: 0;
31          top: 0;
32          bottom: 0;
33          margin: auto;
34     }
35     /* 当光标经过图标模块时 */
36     .icon:hover {
37          background - color: rgba(195, 183, 201, 0.5);   /* 过渡背景颜色 */
38          transform: scale(0.9) rotate(360deg);     /* 图片缩小 0.9 倍,顺时针旋转 360 度 */
39     }
40     /* 文本模块 */
41     .details{
42          margin: 10px 20px;                         /* 添加外边距,上、下、左、右 */
43     }
44     /* 标题 */
45     h3{
46          text - align: center;
47          padding: 10px 0;                           /* 添加内边距,上、下、左、右 */
48     }
49     /* 当光标经过标题时 */
50     h3:hover{
51          transform: scale(1.1);                     /* 放大 1.1 倍 */
52     }
53     /* 段落文本 */
54     p{
55          font - size: 17px;
56          text - indent: 2em;                        /* 首行缩进 2 个字符 */
57          line - height: 26px;                       /* 设置行高 */
58     }
59     /* 图片展示模块 */
60     .show{
61          list - style: none;
62          width: 100%;
63          height: 200px;
64          position: relative;
65     }
66     .show > li{
67          width: 150px;
68          height: 200px;
```

```
69        position: absolute;                    /* 添加绝对定位 */
70        left: 0;                               /* 位置属性,设置正中心位置 */
71        right: 0;
72        top: 0;
73        bottom: 0;
74        margin: auto;
75        transition: all 3s cubic-bezier(0.175, 0.885, 0.32, 1.275);  /* 添加过渡效果 */
76    }
77    /* 图片 */
78    .show > li > img{
79        width: 100%;
80        height: 100%;
81        vertical-align: middle;
82    }
83    /* 依次设置 3 张图片的层叠顺序与位移距离 */
84    .first{
85        z-index: 999;                          /* 设置层叠顺序 */
86    }
87    .second{
88        z-index: 99;
89        transform: translateX(-80px);          /* 向左位移 80px */
90    }
91    .third{
92        z-index: 9;
93        transform: translateX(80px);           /* 向右位移 80px */
94    }
95    /* 当光标移入时 */
96    .show:hover .second{
97        transform: translateX(-150px);         /* 向左位移 150px,即自身宽度 */
98    }
99    .show:hover .third{
100       transform: translateX(150px);          /* 向右位移 150px,即自身宽度 */
101   }
```

在上述 CSS3 代码中,首先,使用 border-radius 属性设置图标模块的圆角角度为宽度的 50%,即产生圆形效果,并使用 position 属性和 transition 属性为图标模块添加相对定位和过渡效果。然后,当光标经过图标模块时,使用 transform 属性中的 scale() 和 rotate() 方法为图标添加缩放和旋转效果。当光标经过标题时,使用 transform 属性中的 scale() 方法为标题添加缩放效果。最后,使用绝对定位、z-index 属性和 translateX() 方法为 3 张图片设置层叠顺序与位移距离,当光标移入图片展示模块时,左右两边的图片会同时向外展开。

9.5　CSS3 3D 变形

CSS3 的 3D 变形功能与 2D 变形功能类似,2D 变形的元素可以在平面空间内进行位置或形状的变形,而 3D 变形的元素可以在三维空间(也就是立体空间)内进行位置或形状的变形,具有更丰富的视觉效果。

9.5.1　概述

3D 即三维空间,指的是在平面二维系中又加入一个方向向量构成的空间系。3D 指的是坐标轴的三个轴,即 X 轴、Y 轴、Z 轴,其中 X 轴表示左右空间,Y 轴表示上下空间,Z 轴表示前后空间,这样就形成了视觉立体感。三维世界中的坐标系如图 9-17 所示。

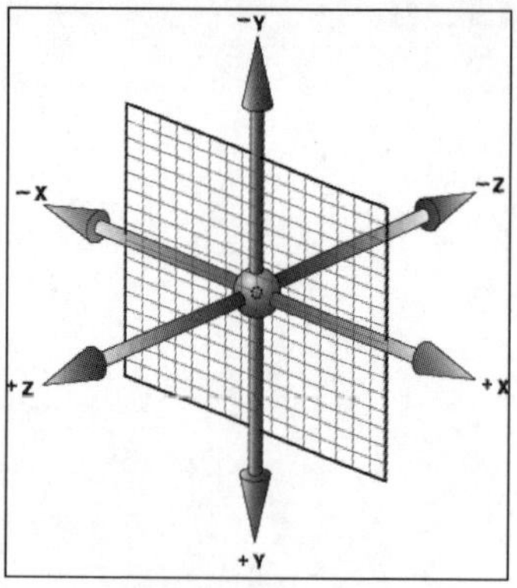

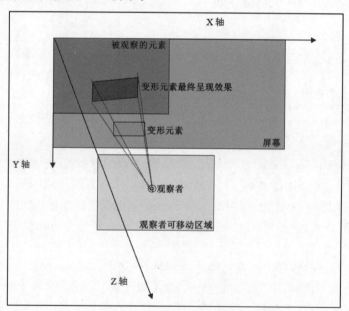

图 9-17　三维坐标系

掌握 3D 变形的相关知识,首先需要认识变形元素、观察者和被透视元素这 3 个概念。

(1)变形元素是进行 3D transform 变形的元素,主要涉及 transform、transform-origin、backface-visibility 等属性的设置。

(2)观察者是浏览器模拟出来的用来观察被透视元素的一个没有尺寸的点,观察者在此处发出视线,类似于一个点状光源发出光线。

(3)被透视元素即被观察者观察的元素,根据属性设置的不同,被透视元素有可能是变形元素本身,也可能是其父级或祖先元素,主要涉及 perspective、perspective-origin 等属性的设置。

3D 变形的模拟视图如图 9-18 所示。

图 9-18　3D 变形的模拟视图

3D 变形主要有 perspective、transform-style、perspective-origin 和 backface-visibility 共 4 个属性。接下来将具体介绍这几个属性。

9.5.2　perspective 属性

perspective 属性规定 3D 元素的透视效果。perspective 属性可以简单理解为视距,用来设置观察者和元素 3D 空间 Z 平面之间的距离。透视效果由 perspective 属性值来决定,值越小,用户与 3D 空间 Z 平面之间的距离越近,视觉效果越令人印象深刻;反之,值越大,用户与 3D 空间 Z 平面之间的距离越远,视觉效果就越小。

通常设置 perspective 属性的元素即是被透视元素。一般地，perspective 属性只能设置在变形元素的父级或祖先级元素中，这是因为浏览器会为其子级元素的变形产生透视效果，但并不会为其自身产生透视效果。perspective 属性的模拟视图如图 9-19 所示。

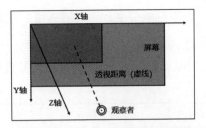

图 9-19　perspective 属性的模拟视图

1. 语法格式

perspective 属性的语法格式如下。

```
perspective: number | none ;
```

2. 属性值

perspective 属性值可为 none 或像素值，具体说明如表 9-7 所示。

表 9-7　perspective 属性值及其说明

属 性 值	说 明
none	默认值。与 0 相同，不设置透视效果
number	元素距离视图的距离，单位为 px(像素)

需要注意的是，perspective 属性只影响 3D 变形元素。perspective 属性值不可为 0 和负数，这是由于观察者与屏幕距离为 0 时或者在屏幕背面时是不可以观察到被透视元素的正面的。同时，perspective 属性不可取值为百分比，因为百分比需要相对的元素，而 Z 轴并没有可相对的元素尺寸。

9.5.3　transform-style 属性

transform-style 属性规定被嵌套元素如何在 3D 空间中显示。

1. 语法格式

transform-style 属性的语法格式如下。

```
transform - style: flat | preserve - 3d ;
```

2. 属性值

transform-style 属性值可为 flat 或 preserve-3d，具体说明如表 9-8 所示。

表 9-8　transform-style 属性值及其说明

属 性 值	说 明
flat	表示所有子元素在 2D 平面呈现
preserve-3d	表示所有子元素在 3D 空间中呈现

需要注意的是，transform-style 属性需要设置在变形元素的父级元素中。

9.5.4　backface-visibility 属性

backface-visibility 属性用于定义元素不面向屏幕时是否可见，即决定当元素旋转后，背面是否可见。

1. 语法格式

backface-visibility 属性的语法格式如下。

CSS3 高级动画

```
backface-visibility: visible | hidden
```

2. 属性值

backface-visibility 属性值及其说明如表 9-9 所示。

表 9-9 backface-visibility 属性值及其说明

属　性　值	说　明
visible	表示元素背面是可见的
hidden	表示元素背面是不可见的

9.5.5 perspective-origin 属性

perspective-origin 属性定义 3D 元素所基于的 X 轴和 Y 轴,即设置 3D 元素的基点位置,允许改变 3D 元素的底部位置。perspective-origin 基点位置指的是观察者的位置,通常观察者位于与屏幕平行的另一个平面上,观察者始终是与屏幕垂直的。perspective-origin 属性的模拟视图如图 9-20 所示。

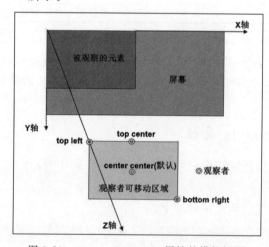

图 9-20 perspective-origin 属性的模拟视图

1. 语法格式

perspective-origin 属性的语法格式如下。

```
perspective-origin: x-axis y-axis;
```

perspective-origin 与 transform-origin 的属性取值相似,可参考 transform-origin 的属性值。值得注意的是,perspective-origin 属性必须定义在父元素上,需要与 perspective 属性一同使用,以便将视点移至元素的中心以外位置。

2. 演示说明

使用 3D 变形中的 perspective、transform-style 和 perspective-origin 属性搭配变形的相关方法,制作一个具有 3D 悬停效果的页面。首先,使用 transform 属性中的 rotateX()方法和 scale()方法为变形元素设置旋转和缩放效果。然后,当光标移入父容器上时,使用 translateY()方法、rotate()方法和 scale()方法为其设置变形效果,再使用 transition 属性为变形元素添加过渡动画。具体代码如例 9-9 所示。

【例 9-9】　3D 悬停效果。

```
1   <!DOCTYPE html>
2   < html lang = "en">
3   < head >
4       < meta charset = "UTF - 8">
5       < title >3D 悬停效果</title>
6       < style >
7           /* 取消页面默认边距 */
8           * {
9               margin: 0;
10              padding: 0;
11          }
12          /* 父容器 */
13          .container{
14              width: 500px;
15              height: 380px;
16              border: 1px solid #000;
17              margin: 20px auto;
18              position: relative;
19              perspective: 900px;              /* 设置 3D 元素的透视效果 */
20              transform - style: preserve - 3d;   /* 所有子元素可在 3D 空间中呈现 */
21              perspective - origin: left bottom; /* 设置 3D 元素的基点位置 */
22          }
23          /* 变形元素 */
24          .picture{
25              width: 225px;
26              height: 300px;
27              background: url(../images/4.jpg) no - repeat;
28              background - size: 100 % 100 %;
29              /* 定位于正中心位置 */
30              position: absolute;
31              top: 0;
32              bottom: 0;
33              left: 0;
34              right: 0;
35              margin: auto;
36              transform: rotateX(45deg) scale(0.7);  /* 元素以 X 轴为中心轴,从下往上旋
    转 50 度,缩小为原来的 1/7 */
37              transition: all 5s ease;              /* 添加过渡效果 */
38          }
39          .container:hover .picture{
40              transform: translateY( - 40px) rotate(270deg) scale(1);  /* 元素首先向上
    位移 40px,再以坐标轴中心为原点,逆时针旋转 90 度,恢复原大小 */
41          }
42      </style>
43  </head>
44  < body >
45      <!-- 父容器 -->
46      < div class = "container">
47          <!-- 变形元素 -->
48          < div class = "picture"></div>
49      </div>
50  </body>
51  </html>
```

使用 3D 变形属性和变形方法实现 3D 悬停效果,其原始状态如图 9-21 所示。

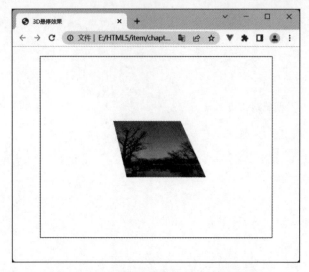

图 9-21　3D 悬停效果过渡前的原始状态

使用 3D 变形属性和变形方法实现 3D 悬停效果,其最终状态如图 9-22 所示。

图 9-22　3D 悬停效果过渡后的最终状态

值得注意的是,在使用位移与旋转实现变形效果时,要注意两者的先后顺序,顺序不一样则效果也会不一样。如果先进行位移,那么变形元素会在位移后的位置原地旋转:如果先进行旋转,则会改变原点的位置,元素基于旋转后的原点进行位移。

9.5.6　3D rotate()方法

3D 变形使用基于 2D 变形的相同属性,首先介绍 3D 旋转的 rotate()方法。CSS3 中的 3D 旋转主要使用 rotateX()、rotateY()、rotateZ()和 rotate3d()4 种方法,这 4 种方法的具体说明如表 9-10 所示。

表 9-10　3D rotate()方法及其说明

方　法	说　明
rotateX(a)	元素以坐标轴 X 轴为中心轴,从下往上旋转。rotateX(a)方法等同于 rotate3d(1, 0,0,a)
rotateY(a)	元素以坐标轴 Y 轴为中心轴,从左往右旋转。rotateY(a)方法等同于 rotate3d(0, 1,0,a)
rotateZ(a)	元素以坐标轴中心为原点,顺时针旋转。rotateZ(a)方法等同于 rotate3d(0,0,1,a)
rotate3d(x,y,z,a)	表示围绕自定义旋转轴进行旋转

根据表 9-10 中的说明,X 轴、Y 轴和 Z 轴这 3 个方向轴的旋转方向模拟视图如图 9-23
所示。

rotate3d(x,y,z,a)中的取值说明如下。

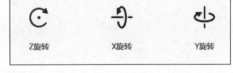

(1) x 是一个 0~1 的数值,主要用来设置元
素围绕 X 轴旋转的向量值。

图 9-23　3 个方向轴的旋转方向模拟视图

(2) y 是一个 0~1 的数值,主要用来设置元
素围绕 Y 轴旋转的向量值。

(3) z 是一个 0~1 的数值,主要用来设置元素围绕 Z 轴旋转的向量值。

(4) a 是一个角度值,主要用来指定元素在 3D 空间旋转的角度,如果其值为正值,元素
顺时针旋转;如果其值为负值,元素逆时针旋转。

当 x、y、z 这 3 个值同时为 0 时,元素在 3D 空间不做任何旋转。

使用 3D rotate()方法使元素进行旋转,具体代码如例 9-10 所示。

【例 9-10】　3D 旋转。

```
1  <!DOCTYPE html>
2  < html lang = "en">
3  < head >
4      < meta charset = "UTF - 8">
5      <title>3D 旋转</title>
6      < style >
7          * {
8              margin: 0;
9              padding: 0;
10         }
11         /* 统一设置所有 div 元素的宽高 */
12         div{
13             width: 200px;
14             height: 150px;
15         }
16         /* 4 个 3D 变形元素的父级元素 */
17         .box{
18             border: 1px dashed #000;
19             font - size: 20px;
20             margin: 50px 20px;
21             float: left;
22             perspective: 600px;              /* 设置 3D 元素的透视效果 */
23             transform - style: preserve - 3d;  /* 所有子元素可在 3D 空间中呈现 */
24             backface - visibility: visible;    /* 背面为可见 */
25         }
```

```
26          /* 第 1 个元素,沿 X 轴旋转 */
27          .rotate-x{
28              background-color: rgba(231, 217, 164, 0.8);
29              transform: rotateX(60deg);              /* 以 X 轴从下往上旋转 60 度 */
30          }
31          /* 第 2 个元素,沿 Y 轴旋转 */
32          .rotate-y{
33              background-color: rgba(236, 166, 183, 0.8);
34              transform: rotateY(60deg);              /* 以 Y 轴从左往右旋转 60 度 */
35          }
36          /* 第 3 个元素,沿 Z 轴旋转 */
37          .rotate-z{
38              background-color: rgba(155, 196, 235, 0.8);
39              transform: rotateZ(60deg);              /* 以 Z 轴顺时针旋转 60 度 */
40          }
41          /* 第 4 个元素,自定义旋转轴进行旋转 */
42          .rotate-3d{
43              background-color: rgba(193, 147, 216, 0.8);
44              transform: rotate3d(0.6,0.5,0.9, 60deg);  /* 围绕自定义旋转轴旋转 60 度 */
45          }
46      </style>
47  </head>
48  <body>
49      <!-- 第 1 个元素,沿 X 轴旋转 -->
50      <div class="box">
51          <div class="rotate-x">元素以坐标轴 X 轴,从下往上旋转 60 度</div>
52      </div>
53      <!-- 第 2 个元素,沿 Y 轴旋转 -->
54      <div class="box">
55          <div class="rotate-y">元素以坐标轴 Y 轴,从左往右旋转 60 度</div>
56      </div>
57      <!-- 第 3 个元素,沿 Z 轴旋转 -->
58      <div class="box">
59          <div class="rotate-z">元素以坐标轴中心为原点,顺时针旋转 60 度</div>
60      </div>
61      <!-- 第 4 个元素,自定义旋转轴进行旋转 -->
62      <div class="box">
63          <div class="rotate-3d">围绕自定义旋转轴旋转 60 度</div>
64      </div>
65  </body>
66  </html>
```

使用 3D rotate()方法使元素进行 3D 旋转,运行效果如图 9-24 所示。

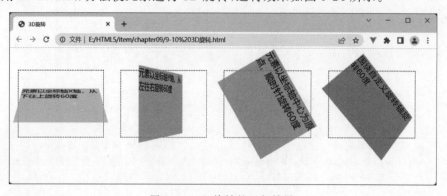

图 9-24   3D 旋转的运行效果

9.5.7　3D translate()方法

在 CSS3 中,3D 位移主要使用 translateZ()和 translate3d()这两个方法。3D 位移可使元素在三维空间里进行移动,3D translate()方法的具体说明如表 9-11 所示。

表 9-11　3D translate()方法及其说明

方　法	说　明
translateZ()	元素在坐标轴 Z 轴上进行位移,其效果等同于缩放。translateZ(a)函数的功能等同于 translate3d(0,0,a)
translate3d(x,y,z)	元素在 3D 空间里移动,使用 3D 向量坐标定义元素在每个方向的移动位置

translate3d(x,y,z)中的取值说明如下。

(1) x 通常为像素值,表示元素在 3D 空间里沿 X 轴进行位移。

(2) y 通常为像素值,表示元素在 3D 空间里沿 Y 轴进行位移。

(3) z 通常为像素值,表示元素在 3D 空间里沿 Z 轴进行位移,视觉效果如同以坐标轴原点为基准,放大或缩小该元素。

使用 translate()方法使元素进行位移,具体代码如例 9-11 所示。

【例 9-11】　3D 位移。

```
1   <!DOCTYPE html>
2   <html lang = "en">
3   <head>
4       <meta charset = "UTF-8">
5       <title>3D 位移</title>
6       <style>
7           * {
8               margin: 0;
9               padding: 0;
10          }
11          /* 统一设置所有 div 元素的宽和高 */
12          div{
13              width: 150px;
14              height: 100px;
15          }
16          /* 4 个 3D 变形元素的父级元素 */
17          .box{
18              border: 2px dashed #000;
19              font-size: 20px;
20              margin: 30px 25px;
21              float: left;
22              perspective: 900px;              /* 设置 3D 元素的透视效果 */
23              transform-style: preserve-3d;    /* 所有子元素可在 3D 空间中呈现 */
24              backface-visibility: visible;    /* 背面为可见 */
25          }
26          /* 第 1 个元素,沿 Z 轴位移,正数 */
27          .late-z1{
28              background-color: rgba(153, 184, 228, 0.8);
29              transform: translateZ(200px);   /* 在 Z 轴上位移 200px,类似放大效果 */
30          }
```

```
31          /* 第 2 个元素,沿 Z 轴位移,正数 */
32          .late - z2{
33              background - color: rgba(228, 216, 163, 0.8);
34              transform: translateZ(100px);     /* 在 Z 轴上位移 100px,类似放大效果 */
35          }
36          /* 第 3 个元素,沿 Z 轴位移,负数 */
37          .late - z3{
38              background - color: rgba(210, 149, 232, 0.8);
39              transform: translateZ( - 100px);  /* 在 Z 轴上位移 - 100px,类似缩小效果 */
40          }
41          /* 第 4 个元素,沿 Z 轴位移,负数 */
42          .late - z4{
43              background - color: rgba(177, 219, 155, 0.8);
44              transform: translateZ( - 200px);  /* 在 Z 轴上位移 - 200px,类似缩小效果 */
45          }
46          /* 第 5 个元素,在 3 个轴上进行位移 */
47          .late - 3d{
48              background - color: rgba(231, 142, 142, 0.8);
49              transform: translate3d(30px, 40px, 50px);
                                         /* 元素在 X 轴、Y 轴和 Z 轴 3 个方向位移 */
50          }
51      </style>
52  </head>
53  < body>
54      <!-- 第 1 个元素,沿 Z 轴位移,正数 -->
55      < div class = "box">
56          < div class = "late - z1">元素在 Z 轴上位移 200px,类似放大效果</div>
57      </div>
58      <!-- 第 2 个元素,沿 Z 轴位移,正数 -->
59      < div class = "box">
60          < div class = "late - z2">元素在 Z 轴上位移 100px,类似放大效果</div>
61      </div>
62      <!-- 第 3 个元素,沿 Z 轴位移,负数 -->
63      < div class = "box">
64          < div class = "late - z3">元素在 Z 轴上位移 - 100px,类似缩小效果</div>
65      </div>
66      <!-- 第 4 个元素,沿 Z 轴位移,负数 -->
67      < div class = "box">
68          < div class = "late - z4">元素在 Z 轴上位移 - 200px,类似缩小效果</div>
69      </div>
70      <!-- 第 5 个元素,在 3 个轴上进行位移 -->
71      < div class = "box">
72          < div class = "late - 3d">元素在 X 轴、Y 轴和 Z 轴 3 个方向位移</div>
73      </div>
74  </body>
75  </html>
```

使用 3D translate()位移方法使元素进行 3D 位移,运行效果如图 9-25 所示。

从图 9-25 中可看出,当数值为正数时,数值越大,元素离观察者的角度距离越近,放大效果越显著;反之,数值越小,放大效果越不明显,直至数值为 0,元素变为原始状态。当数值为负数时,元素呈缩小效果,负值越小,元素离观察者的角度距离越远,缩小效果越显著。

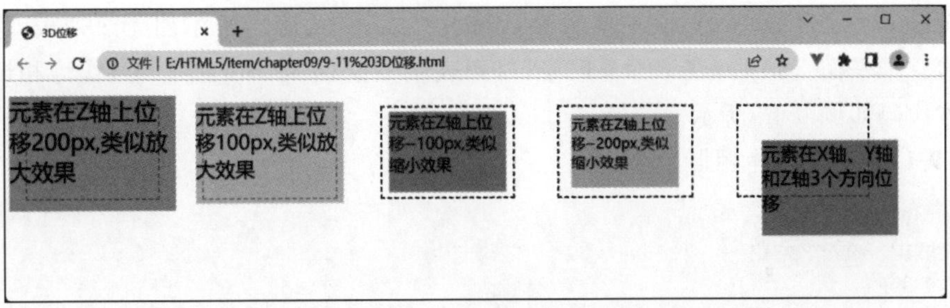

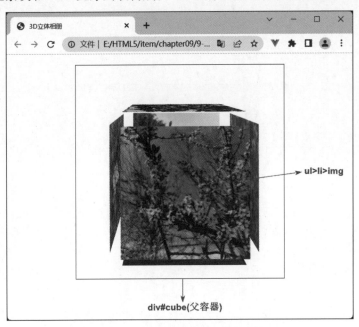

图 9-25 　3D 位移的运行效果

9.6 实例十三：3D 立体相册

光阴似箭,时间一去不复返,生活中需要珍藏的记忆很多,而相册的意义在于能够保留住生命中精彩的一瞬间,以及感动的一刹那,让时间成为永恒,记录下生命中的精彩时刻。

9.6.1 "3D 立体相册"页面结构简图

本实例是实现一个"3D 立体相册"的页面。使用 3D 变形的旋转和位移方法依次设置立方体 6 个平面的具体位置。当光标移入立体相册时,立体相册进行 360 度的 3D 旋转。该页面由< div >元素块和< ul >无序列表构成。"3D 立体相册"页面结构简图如图 9-26 所示。

图 9-26 　"3D 立体相册"页面结构简图

9.6.2 实现"3D 立体相册"页面效果

1. 主体结构代码

新建一个 HTML5 文件,以外链方式在该文件中引入 CSS3 文件。首先,在< body >标签中定义<div>父容器块,并添加 id 名为 cube。然后,在父容器中添加无序列表,用来制作立方体的 6 个平面。最后,在 6 个<li>项目列表中分别插入<img>标签,作为相册中的照片。具体代码如例 9-12 所示。

【例 9-12】 3D 立体相册。

```
1   <!DOCTYPE html>
2   < html lang = "en">
3   < head >
4       < meta charset = "UTF - 8">
5       < meta http  equiv = "X  UA  Compatible" content = "IE = edge">
6       < title >3D 立体相册</title>
7       < link type = "text/css" rel = "stylesheet" href = "cube.css">
8   </head>
9   < body >
10      <!-- 父容器 -->
11      < div id = "cube">
12          <!-- 立方体(立体相册) -->
13          < ul >
14              <!-- 立方体的 6 个平面 -->
15              <!-- 1.前 -->
16              < li >
17                  < img src = "../images/album - 1. jpg" alt = "">
18              </li>
19              <!-- 2.后 -->
20              < li >
21                  < img src = "../images/album - 2. jpg" alt = "">
22              </li>
23              <!-- 3.左 -->
24              < li >
25                  < img src = "../images/album - 3. jpg" alt = "">
26              </li>
27              <!-- 4.右 -->
28              < li >
29                  < img src = "../images/album - 4. jpg" alt = "">
30              </li>
31              <!-- 5.上 -->
32              < li >
33                  < img src = "../images/album - 5. jpg" alt = "">
34              </li>
35              <!-- 6.下 -->
36              < li >
37                  < img src = "../images/album - 6. jpg" alt = "">
38              </li>
39          </ul>
40      </div>
41  </body>
42  </html>
```

2. CSS 代码

新建一个 CSS3 文件为 cube.css,在该文件中加入设置页面样式的 CSS3 代码,具体代码如下。

```
1   /* 取消页面默认边距 */
2   *{
3       padding: 0;
4       margin: 0;
5   }
6   /* 父容器 */
7   #cube{
8       width: 400px;
9       height: 400px;
10      border: 1px #100 solid;
11      margin: 20px auto;
12      perspective: 600px;                             /* 设置 3D 元素的透视效果 */
13      perspective-origin: 40% 10%;                    /* 设置 3D 元素的基点位置 */
14      backface-visibility: visible;                   /* 背面为可见 */
15  }
16  /* 正方体 */
17  ul{
18      transform-style: preserve-3d;                   /* 所有子元素可在 3D 空间中呈现 */
19      width: 200px;
20      height: 200px;
21      margin: 100px auto;
22      transition: all 5s;                             /* 添加过渡 */
23      position: relative;                             /* 添加相对定位 */
24  }
25  /* 正方体的 6 个平面 */
26  ul>li{
27      width: 200px;
28      height: 200px;
29      list-style: none;                               /* 取消项目列表标记 */
30      opacity: .9;                                    /* 添加不透明度 */
31      position: absolute;                             /* 添加绝对定位 */
32  }
33  /* 第 1 个平面,前 */
34  ul>li:nth-child(1){
35      transform: translateZ(120px);                   /* 添加 3D 变形,以 Z 轴进行位移 */
36  }
37  /* 第 2 个平面,后 */
38  ul>li:nth-child(2){
39      transform: translateZ(-120px);
40  }
41  /* 第 3 个平面,左 */
42  ul>li:nth-child(3){
43      transform: rotateY(90deg) translateZ(-120px);
                        /* 添加 3D 变形,以 Y 轴从左往右旋转,以 Z 轴进行位移 */
44  }
45  /* 第 4 个平面,右 */
46  ul>li:nth-child(4){
47      transform: rotateY(90deg) translateZ(120px);    /* 以 Y 轴从左往右旋转 */
48  }
49  /* 第 5 个平面,上 */
50  ul>li:nth-child(5){
51      transform: rotateX(90deg) translateZ(120px);    /* 以 X 轴从下往上旋转 */
52  }
```

```
53 /* 第6个平面,下 */
54 ul>li:nth-child(6){
55     transform: rotateX(90deg) translateZ(-120px);   /* 以 X 轴从下往上旋转 */
56 }
57 /* 照片 */
58 ul>li>img{
59     width: 100%;
60     height: 100%;
61     vertical-align: middle;                          /* 清除底部空白间隙 */
62 }
63 /* 当光标移到正方体时 */
64 ul:hover{
65     transform: rotate3d(0.8,1,0.2,360deg);  /* 进行 3D 旋转,沿 X 轴和 Y 轴旋转 360 度 */
66 }
```

在上述 CSS3 代码中,首先,为父容器设置 3D 变形属性,perspective 属性设置 3D 元素的透视效果,perspective-origin 属性设置 3D 元素的基点位置,backface-visibility 属性设置元素背面为可见。然后,使用 transform-style 属性使立方体中的所有子元素都可在 3D 空间中呈现,并使用 transition 属性为立方体添加过渡效果。最后,使用 3D 变形方法依次设置立方体 6 个平面的具体位置。当光标移入立体相册时,立体相册围绕自定义旋转轴进行 3D 旋转 360 度。

9.7　animation 动画

在 CSS3 中,animation 动画不需要通过事件来触发,就可以显式地随时间变化来改变元素的 CSS 属性,从而实现动画效果。animation 动画主要由 keyframes 规则(关键帧)、animation 属性和 CSS 样式属性 3 部分组成。animation 动画资源占用少,不仅可以节省内存空间,还可使网页更具灵动性。

9.7.1　@keyframes 规则

@keyframes 规则用于创建动画,在@keyframes 规则中规定 CSS 样式,就能创建由当前样式逐渐过渡为新样式的动画效果。

1. 设置方式

在动画过程中,可以多次更改 CSS 样式的设定。动画过程变化的实现有两种设置方式:一种是使用关键字 from 和 to;另一种是使用百分比。

在创建动画时,通常以百分比来规定变化发生的时间,0 是开头动画,100% 是结束动画,其中 0 对应关键字 from,100% 对应关键字 to。

2. 语法格式

@keyframes 规则的语法格式如下。

```
@keyframes 动画名称{
    from {CSS 样式}
    to {CSS 样式}
}
```

或

```
@keyframes 动画名称{
    0%{CSS 样式}
    ...
    100%{CSS 样式}
}
```

一个@keyframes 规则可以由多个百分比构成,即 0%～100%能够创建多个百分比,为每个百分比中的具有动画效果的元素添加上不同的 CSS 样式,可以实现更具细致的样式变化,从而使动画效果更细腻。

9.7.2 animation 属性

animation 属性通过定义多个关键帧,以及每个关键帧中的元素属性来实现复杂的动画效果。animation 属性是一个简写属性,主要包含 animation-name、animation-duration、animation-timing-function、animation-delay、animation-iteration-count、animation-direction、animation-fill-mode 和 animation-play-state 这 8 个子属性。接下来将具体介绍这 8 个子属性。

1. animation-name 属性

animation-name 属性表示动画的名称,也是需要绑定到选择器的 keyframes 名称,可以通过@keyframes 关键帧样式来找到对应的动画名称。animation-name 属性的语法格式如下。

```
animation-name: keyframename | none;
```

2. animation-duration 属性

animation-duration 属性表示动画的持续时间,单位可以设置成 s(秒)或 ms(毫秒)。animation-duration 属性的语法格式如下。

```
animation-duration: time;
```

animation-duration 属性的默认值是 0,这意味着元素没有动画效果,因此必须设置动画的持续时间。

3. animation-timing-function 属性

animation-timing-function 属性表示动画的速度曲线,指定动画将以何种状态或速度完成一个周期。

animation-timing-function 属性的语法格式如下。

```
animation-timing-function: value;
```

animation-timing-function 与 transition-timing-function 的动画形式完全一样,属性的取值相同,默认情况下动画的速度曲线为 ease 形式。

4. animation-delay 属性

animation-delay 属性表示执行动画效果的延迟时间,默认值为 0,单位是 s(秒)或 ms(毫秒)。animation-delay 属性的语法格式如下。

```
animation-delay: time;
```

动画延迟时间的数值可以是负数,动画效果会从该时间点开始,之前的动作不执行。例如,将属性值设置为－2s时,动画会马上开始,直接跳过前2s进入动画,即前2s的动画不执行。

5. animation-iteration-count 属性

animation-iteration-count 属性表示动画的执行次数。animation-iteration-count 属性的语法格式如下。

```
animation-iteration-count: number | infinite;
```

animation-iteration-count 属性值及其说明如表 9-12 所示。

表 9-12　animation-iteration-count 属性值及其说明

属　性　值	说　　明
number	一个数值,定义应该播放多少次动画
infinite	指定动画应该播放无限次,即动画执行无限次

6. animation-direction 属性

animation-direction 属性表示是否应该轮流反向播放动画。animation-direction 属性的语法格式如下。

```
animation-direction: normal | reverse | alternate | alternate-reverse;
```

animation-direction 属性值及其说明如表 9-13 所示。

表 9-13　animation-direction 属性值及其说明

属　性　值	说　　明
normal	默认值。动画正常播放
reverse	动画反向播放
alternate	动画在奇数次(1、3、5…)正向播放,在偶数次(2、4、6…)反向播放
alternate-reverse	动画在奇数次(1、3、5…)反向播放,在偶数次(2、4、6…)正向播放

值得注意的是,如果动画被设置为只播放 1 次,则该属性将不起作用。动画循环播放时,每次都从结束状态跳回到起始状态,再开始播放,而 animation-direction 属性可以重写该行为。

7. animation-fill-mode 属性

animation-fill-mode 属性可控制动画的停止位置。在正常情况下,动画结束后会回到初始状态,可通过 animation-fill-mode 属性设置动画结束时的停止位置。animation-fill-mode 属性的语法格式如下。

```
animation-fill-mode : none | forwards | backwards | both;
```

animation-fill-mode 属性值及其说明如表 9-14 所示。

表 9-14　animation-fill-mode 属性值及其说明

属　性　值	说　　明
none	默认值。动画在执行之前和执行之后不会应用任何样式到目标元素
forwards	动画停止在结束状态,即停止在最后一帧
backwards	动画回到初始状态

属 性 值	说 明
both	动画遵循 forwards 和 backwards 的规则。也就是说，animation-fill-mode 相当于同时配置了 backwards 和 forwards，意味着在动画等待和动画结束状态时，元素将分别应用动画第一帧和最后一帧的样式

animation-fill-mode 属性值设置为 backwards 时，要参考 animation-direction 属性的取值；当 animation-direction 属性值为 normal 或 alternate 时，回到初始状态；当 animation-direction 属性值为 reverse 或 alternate-reverse 时，停止在最后一帧。

8．animation-play-state 属性

animation-play-state 属性定义动画的播放状态。animation-play-state 属性的语法格式如下。

```
animation - play - state: paused | running;
```

animation-play-state 属性值及其说明如表 9-15 所示。

表 9-15   animation-play-state 属性值及其说明

属 性 值	说 明
paused	表示暂停动画
running	默认值。表示播放动画

通常情况下，开发者会通过 JavaScript 方式控制动画的暂停和播放。

9．简写格式

animation 属性的简写格式如下。

```
animation: name duration timing - function delay iteration - count direction fill - mode play - state;
```

需要注意的是，定义动画时，必须定义动画的名称和动画的持续时间。如果省略持续时间，则 animation-duration 属性值默认为 0，动画将无法执行。

10．演示说明

使用@keyframes 规则和 animation 属性创建一个动画，通过 translateZ()方法将元素进行 3D 位移，以及使用 color 属性和 text-shadow 属性设置文本的颜色和阴影，实现文本的动画效果。具体代码如例 9-13 所示。

【例 9-13】 创建动画。

```
1   <!DOCTYPE html>
2   <html lang = "en">
3   <head>
4       <meta charset = "UTF - 8">
5       <meta http - equiv = "X - UA - Compatible" content = "IE = edge">
6       <title>创建动画</title>
7       <style>
8           /* 取消页面默认边距 */
9           * {
10              padding: 0;
```

207

第9章

```
11              margin: 0;
12          }
13      div{
14              width: 500px;
15              height: 200px;
16              line - height: 200px;
17              text - align: center;
18              background - color: rgba(242, 244, 237, 0.6);
19              border: 1px solid #333;
20              margin: 20px auto;
21              perspective: 800px;              /* 设置 3D 元素的透视效果 */
22              transform - style: preserve - 3d;    /* 所有子元素可在 3D 空间中呈现 */
23          }
24      p{
25              color: #5b5f64;
26              font - size: 35px;
27              /* 添加动画属性,动画名称、持续时间、速度曲线、延迟时间、执行次数 */
28              animation: shift 6s linear 0.1s infinite;
29          }
30      /* 创建动画 */
31      @keyframes shift{
32              0 % {
33                  color: #5b5f64;
34      text - shadow: 1px 2px 10px #8faccd;
                              /* 设置文本的水平阴影、垂直阴影、模糊效果和颜色 */
35              }
36              30 % {
37                  color: #718ead;
38                  text - shadow: 1px 2px 8px #8faccd;
39                  transform: translateZ( - 100px);
40              }
41              60 % {
42                  color: #5192d8;
43                  text - shadow: 1px 2px 6px #8faccd;
44                  transform: translateZ( - 250px);
45              }
46              100 % {
47                  color: #0c7bf2;
48                  text - shadow: 1px 2px 4px #8faccd;
49                  transform: translateZ( - 400px);
50              }
51          }
52      </style>
53  </head>
54  < body >
55      < div >
56          <p>槲叶落山路,枳花明驿墙</p>
57      </div>
58  </body>
59  </html>
```

使用@keyframes 规则和 animation 属性设置动画效果,动画开始时的状态如图 9-27
所示。

图 9-27　动画开始时的状态

使用@keyframes 规则和 animation 属性设置动画效果,动画结束时的状态如图 9-28
所示。

图 9-28　动画结束时的状态

9.7.3　过渡效果与动画效果的区分

transition 过渡和 animation 动画都能在网页上实现动态效果,但它们之间是存在差异
的,具体有以下 4 点。

(1) transition 过渡需要通过事件来触发,无法在网页加载时自动发生。animation 动
画不需要事件触发,可直接实现动画效果。

(2) transition 过渡是一次性的,不能重复发生,除非再次触发。animation 动画可执行
无限次。

(3) transition 过渡只有两个状态,即开始状态和结束状态,不能定义中间状态。animation
动画可定义多个状态。

(4) 一条 transition 过渡规则只能定义一个属性的变化,不能涉及多个属性。animation 动
画可定义多个属性的变化。

了解过渡效果和动画效果之间的差异,在设计网页的过程中,可以更好地选择合适的方
式实现动画与过渡效果。

CSS3 高级动画

9.8　实例十四：轮播图动画

在大部分网站中,轮播图占据着不可或缺的地位。当用户打开一个网站时,首先映入眼帘的便是 banner 广告轮播图,因此在设计轮播图动画时,不仅要考虑轮播图的图片数量和轮播方式,还要提升用户体验,增加轮播图的美观度。

9.8.1　"轮播图动画"页面结构简图

本实例是实现一个"轮播图动画"的页面。图片以淡入淡出的效果实现轮播切换,同时每一个焦点与其相对应的图片保持同步,共同进行轮播切换。该页面主要由<div>标签、<ul>无序列表和<h3>标签构成。"轮播图动画"页面结构简图如图 9-29 所示。

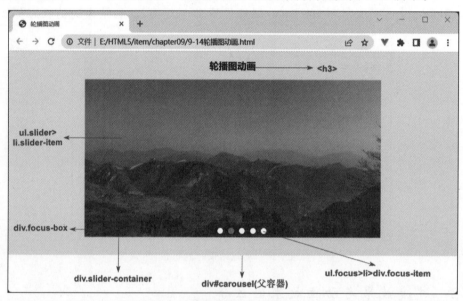

图 9-29　"轮播图动画"页面结构简图

9.8.2　实现"轮播图动画"页面效果

1. 主体结构代码

新建一个 HTML5 文件,以外链方式在该文件中引入 CSS3 文件。首先,在<body>标签中定义<div>父容器块,并添加 id 名为 carousel。然后,在父容器中添加 1 个<div>子级元素块,作为图片滑动块。最后,添加 2 个<ul>无序列表,分别作为轮播图片集合与焦点集合。具体代码如例 9-14 所示。

【例 9-14】 轮播图动画。

```
1   <!DOCTYPE html>
2   <html lang = "en">
3   <head>
4       <meta charset = "UTF-8">
5       <meta http-equiv = "X-UA-Compatible" content = "IE = edge">
```

```
6        < title >轮播图动画</title >
7        < link type = "text/css" rel = "stylesheet" href = "carousel.css">
8     </head >
9     < body >
10        <!-- 轮播图父容器 -->
11        < div id = "carousel">
12            <!-- 标题 -->
13            < h3 >轮播图动画</h3 >
14            <!-- 图片滑动块 -->
15            < div class = "slider - container">
16                <!-- 轮播图片集合 -->
17                < ul class = "slider">
18                    < li class = "slider - item slider - item1"></li>
19                    < li class = "slider - item slider - item2"></li>
20                    < li class = "slider - item slider - item3"></li>
21                    < li class = "slider - item slider - item4"></li>
22                    < li class = "slider - item slider - item5"></li>
23                </ul >
24                <!-- 焦点块 -->
25                < div class = "focus - box">
26                    <!-- 焦点集合 -->
27                    < ul class = "focus clearfix">
28                        < li >< div class = "focus - item focus - item1"></div></li>
29                        < li >< div class = "focus - item focus - item2"></div></li>
30                        < li >< div class = "focus - item focus - item3"></div></li>
31                        < li >< div class = "focus - item focus - item4"></div></li>
32                        < li >< div class = "focus - item focus - item5"></div></li>
33                    </ul >
34                </div >
35            </div >
36        </div >
37    </body >
38 </html >
```

2. CSS3 代码

新建一个 CSS3 文件为 carousel.css,在该文件中加入设置页面样式的 CSS3 代码,具体代码如下。

```
1    /* 取消页面默认边距 */
2    * {
3        margin: 0;
4        padding: 0;
5    }
6    ul > li{
7        list - style: none;
8    }
9    /* 使用伪元素清除浮动 */
10   .clearfix::after{
11       content: "";
12       display: block;
13       clear: both;
14   }
15
```

211

第9章

CSS3 高级动画

```
16   /* 轮播图父容器 */
17   # carousel {
18       width: 100 % ;
19       height: 400px;
20       background - color: # eef1e8;
21       overflow: hidden;
22   }
23   /* 标题 */
24   h3{
25       text - align: center;
26       padding: 15px 0;
27   }
28   /* 图片滑动块 */
29   .slider - container{
30       width: 600px;
31       height: 310px;
32       margin: 0 auto;
33       position:relative;
34   }
35   /* 每一张轮播图片 */
36   .slider - item{
37       width: 600px;
38       height: 310px;
39       position:absolute;
40       animation: fade linear infinite;        /* 添加动画 */
41       background - size: 100 % 100 % ;         /* 设置背景图片尺寸 */
42   }
43   /* 选择相邻同级元素,实现图片淡入淡出效果 */
44   .slider - item + .slider - item{
45       opacity:0;
46   }
47   /* 依次设置不同的背景图片 */
48   .slider - item1{
49       background - image: url(../images/bar - 1.jpg);
50   }
51   .slider - item2{
52       background - image: url(../images/bar - 2.jpg);
53   }
54   .slider - item3{
55       background - image: url(../images/bar - 3.jpg);
56   }
57   .slider - item4{
58       background - image: url(../images/bar - 4.jpg);
59   }
60   .slider - item5{
61       background - image: url(../images/bar - 5.jpg);
62   }
63   /* 焦点块 */
64   .focus - box{
65       /* 设置轮播焦点的位置 */
66       position:absolute;
67       bottom:2 % ;
68       margin:0 auto;
69       left:0;
```

```
70      right:0;
71      z - index:7;
72  }
73  / * 焦点集合 * /
74  .focus - box .focus{
75      margin - left:45 % ;
76  }
77  / * 每一个焦点的父元素 * /
78  .focus - box li{
79      width:12px;
80      height:12px;
81      border - radius:50 % ;
82      float:left;
83      margin - right:10px;
84      background: # fff;
85  }
86  / * 焦点 * /
87  .focus - item{
88      width:100 % ;
89      height:100 % ;
90      border - radius:50 % ;
91      background - color: # 52bfee;     / * 设置当前焦点的颜色 * /
92      animation: fade linear infinite;
93  }
94  / * 淡入淡出效果使用 opacity,淡入淡出非第 1 个焦点 * /
95  .focus - item2,.focus - item3,.focus - item4,.focus - item5{
96      opacity:0;
97  }
98  / * 设置动画,修改每一张轮播图片的延迟时间 * /
99  / * 第一张图片必须显示在最前面,通过相邻兄弟选择器选中图片,并使用 opacity:0 实现淡入淡
        出效果。第一张图片开始不需要淡入淡出,直接显示图片的停留状态效果,即 animation - delay
        为 - 1s。第二张图片和第一张相隔 20 % ,也就是 4s,animation - delay 为 3s,以此类推 * /
100 .slider - item,.focus - item{
101     animation - duration: 20s;
102 }
103 .slider - item1,.focus - item1{
104     animation - delay: - 1s;
105 }
106 .slider - item2,.focus - item2{
107     animation - delay: 3s;
108 }
109 .slider - item3,.focus - item3{
110     animation - delay: 7s;
111 }
112 .slider - item4,.focus - item4{
113     animation - delay: 11s;
114 }
115 .slider - item5,.focus - item5{
116     animation - delay: 15s;
117 }
118 / * 创建动画,整个过程使用 20s,一次停留使用 3s,一次淡入淡出使用 1s,折合成百分比也就
        是 15 % 和 5 % * /
119 @keyframes fade{
120     0 % {
```

213

```
121        opacity:0;
122        z - index:2;
123    }
124    5 % {
125        opacity:1;
126        z - index: 1;
127    }
128    20 % {
129        opacity:1;
130        z - index:1;
131    }
132    25 % {
133        opacity:0;
134        z - index:0;
135    }
136    100 % {
137        opacity:0;
138        z - index:0;
139    }
140 }
```

在上述 CSS3 代码中,首先,为轮播图片集合中的每个项目列表依次添加不同的图片作为背景图,以便实现图片轮播。其次,使用 border-radius 属性为焦点集合中的每个项目列表同时设置圆角效果。然后,使用 opacity 属性实现轮播图片与焦点的淡入淡出效果。最后,使用@keyframes 规则和 animation 属性设置动画效果,主要使用 animation-delay 属性设置轮播图片与焦点的动画延迟时间,以达到每一个焦点与其相对应的图片共同进行轮播切换的效果。

9.9　本 章 小 结

本章重点学习 CSS3 高级动画的制作,主要介绍了 transition 过渡、animation 动画、2D 和 3D transform 变形方法的使用。希望通过本章内容的分析和讲解,读者能够掌握 CSS3 高级动画的制作。CSS3 高级动画属于 CSS3 的核心内容,在实际开发中应用十分广泛。

9.10　习　　　题

1. 填空题

(1) 2D 变形主要有_____、_____、_____和_____ 4 种变形方法。

(2) transition 过渡属性有_____、_____、_____和_____ 4 个子属性。

(3) 在 3D 变形的 rotateY()方法中,元素以坐标轴_____为中心轴,_____旋转。

(4) perspective-origin 属性设置 3D 元素的_____。

(5) animation 动画主要由_____、_____和_____ 3 部分组成。

2. 选择题

(1) 能控制动画的执行次数的属性是(　　　)。

A. animation-duration   B. animation-iteration-count

C. animation-delay   D. animation-direction

（2）控制元素是否能在 3D 空间中呈现的属性是（　　）。

A. transform-style   B. perspective

C. perspective-origin   D. backface-visibility

（3）在 3D 变形中，能使元素以坐标轴中心为原点，顺时针旋转的方法是（　　）。

A. rotateX()   B. rotateY()   C. rotateZ()   D. rotate3d()

（4）能使动画匀速运动的属性值是（　　）。

A. ease   B. linear   C. ease-in   D. ease-out

3. 思考题

（1）简述过渡效果与动画效果的区别。

（2）简述 perspective 属性值对透视效果的影响。

A. animation-duration
B. animation-iteration-count

第 10 章　HTML5＋CSS3 训练营

学习目标

- 理解并掌握屏幕居中设计的实现方式。
- 理解并掌握分页居中展示的实现方式。
- 掌握三角形图标的实现方式。
- 掌握精美上传按钮的设计方式。
- 掌握添加省略号的实现方式。
- 掌握合并表格边框的实现方式。

古语说"纸上得来终觉浅，绝知此事要躬行"。学习完理论知识之后，便需要进入实战的部分，只有通过实践的过程，才能发现问题和解决问题，从而更好地理解和掌握相关的知识点。

10.1　屏幕居中设计

10.1.1　理解元素居中

在浏览网页时，经常会看到一些网站在浏览器中是处于居中位置的，如百度首页居中显示，如图 10-1 所示。

图 10-1　百度首页居中显示

从图 10-1 中可知，无论浏览器窗口的分辨率(显示网页的区域)如何变化，元素都能够居中显示。接下来将对元素在不同的浏览器窗口分辨率下均保持居中显示的解决方法进行详细讲解。

10.1.2　解决元素居中显示

1. 块级元素居中显示

通过 CSS 样式中的 margin 外边距可以解决元素居中的问题。在第 6 章中提及过 auto 值，其表示自适应。当为元素设置 margin-left 值为 auto 时，元素左边距为自适应，左边能自适应多少空间就会产生多少左边距。同理，当设置 margin-right 值为 auto 时，元素右边距为自适应，元素右边能自适应多少空间就会产生多少右边距。如果左右边距都设置成 auto 自适应值，元素左右空间都需要自适应，就会平均分配边距，从而使元素在不同的浏览器分辨率下都能够居中显示。当然可以把 margin-left 和 margin-right 整合成 margin 的复合写法，即 margin:0 auto。

2. 内联元素居中显示

由于内联元素无法设置宽度和高度，因此对于内联元素类型的标签，需要采用为父元素设置 text-align 属性值为 center 的方式，进而实现内联元素居中显示。

3. 演示说明

使用 margin 属性和 text-align 属性分别实现块级元素和内联元素在浏览器中居中显示，具体代码如例 10-1 所示。

【例 10-1】 元素屏幕居中。

```
1  <!DOCTYPE html>
2  <html lang = "en">
3  <head>
4      <meta charset = "UTF-8">
5      <title>元素屏幕居中</title>
6      <style>
7          /* 取消页面默认边距 */
8          *{
9              margin: 0;
10             padding: 0;
11         }
12         body{
13             text-align: center;              /* 设置内容居中 */
14         }
15         .block{
16             width: 200px;
17             height: 100px;
18             background-color: #a7cfec;
19             margin: 20px auto;
                   /* 添加外边距，上、下外边距为 20px，左右处于页面居中位置 */
20         }
21         .inline{
22             border: 2px solid #000;          /* 添加边框 */
23             color: #e51616;
24             font-size: 20px;
25         }
26     </style>
27 </head>
28 <body>
29     <div class = "block">块级元素</div>
30     <span class = "inline">内联元素</span>
31 </body>
32 </html>
```

运行上述代码，元素屏幕居中的运行效果如图 10-2 所示。

在例 10-1 中，<body> 为块级元素和内联元素的父元素，当为 <body> 设置 text-align：

图 10-2　元素屏幕居中的运行效果

center 时,内联元素会在页面的居中位置显示,同时块级元素中的文本内容也会在本元素内
水平居中显示。

10.2　分页居中展示

10.2.1　理解分页

分页展示是网页中常见的布局效果,当数据量较多时,就会用分页进行展示,如百度搜
索页,如图 10-3 所示。

图 10-3　百度搜索的分页展示效果

由图 10-3 可知,百度搜索的分页不仅美观便捷,还提升了用户体验。接下来将通过无
序列表来实现网页中分页的基本结构,具体代码如例 10-2 所示。

【例 10-2】　分页的基本结构。

```
1   <!DOCTYPE html>
2   <html lang = "en">
3   <head>
4     <meta charset = "UTF - 8">
5     <title>分页的基本结构</title>
6     <style>
7       /* 取消页面默认边距 */
8       * {
9         margin: 0;
10        padding: 0;
11      }
12      ul{
13        list - style: none;        /* 取消列表标记 */
14        margin - top: 20px;        /* 添加上外边距 */
15      }
16      ul > li{
17        width: 36px;
18        height: 36px;
19        line - height: 36px;
```

```
20              border: 1px solid #ccc;          /* 添加边框 */
21              text - align: center;            /* 文本居中 */
22              float: left;                     /* 设置向左浮动 */
23              margin - right: 12px;            /* 添加右外边距 */
24          }
25      .next{
26              width: 80px;
27          }
28      a{
29              text - decoration: none;         /* 取消超链接的下画线 */
30              color: #3951b3;
31          }
32      </style>
33  </head>
34  < body >
35      < ul >
36          < li >< a href = " # ">1</a></li>
37          < li >< a href = " # ">2</a></li>
38          < li >< a href = " # ">3</a></li>
39          < li >< a href = " # ">4</a></li>
40          < li >< a href = " # ">5</a></li>
41          < li class = "next">< a href = " # ">下一页 &gt;</a></li>
42      </ul>
43  </body>
44  </html>
```

运行上述代码,分页的基本结构的运行效果如图 10-4 所示。

图 10-4　分页的基本结构的运行效果

在例 10-2 中,对< ul >无序列表以及为< li >列表项进行浮动处理,可以实现分页的基本结构。但是,由于< li >列表项采用浮动处理,无法通过设置 margin 属性值为 auto 的方式进行居中,并且< li >标签也不属于内联元素,因此也无法通过设置父元素 text-algin 属性值为 center 的方式进行居中。接下来将对分页效果的居中展示解决方案进行讲解。

10.2.2　解决分页居中

若要使元素既支持宽高,又支持左右排列,并且在父元素内居中展示,则可以通过将元素的 display 属性值设置为 inline-block 的方式进行处理,使元素成为内联元素块,即具备块级元素的特点,同时也具备内联元素的特点。这样便可使分页展示在父容器中居中显示。

通过 display:inline-block 的方式使分页在父元素内居中展示,具体代码如例 10-3 所示。

【例 10-3】　分页居中展示。

```
1   <! DOCTYPE html >
2   < html lang = "en">
```

```
3   < head >
4       < meta charset = "UTF - 8">
5       < title >分页居中展示</title >
6       < style >
7           /* 取消页面默认边距 */
8           * {
9               margin: 0;
10              padding: 0;
11          }
12          ul{
13              list - style: none;              /* 取消列表标记 */
14              margin - top: 20px;              /* 添加上外边距 */
15              text - align: center;            /* 设置内容居中 */
16          }
17          ul > li{
18              display: inline - block;          /* 转换为内联元素块 */
19              width: 36px;
20              height: 36px;
21              line - height: 36px;
22              border: 1px solid #ccc;           /* 添加边框 */
23              text - align: center;             /* 文本居中 */
24              margin - right: 12px;             /* 添加右外边距 */
25          }
26          .next{
27              width: 80px;
28          }
29          a{
30              display: inline - block;
31              text - decoration: none;          /* 取消超链接的下画线 */
32              color: #3951b3;
33          }
34      </style >
35  </head >
36  < body >
37      < ul >
38          < li >< a href = "#">1</a ></li >
39          < li >< a href = "#">2</a ></li >
40          < li >< a href = "#">3</a ></li >
41          < li >< a href = "#">4</a ></li >
42          < li >< a href = "#">5</a ></li >
43          < li class = "next">< a href = "#">下一页 &gt;</a ></li >
44      </ul >
45  </body >
46  </html >
```

运行上述代码,分页居中展示的运行效果如图 10-5 所示。

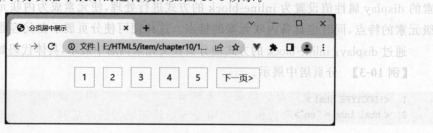

图 10-5　分页居中展示的运行效果

10.3　三角形图标

10.3.1　了解三角形图标

在很多导航效果中,都会添加一个三角形的图标,例如电商平台的导航条,如图 10-6 所示。

△ 购物车0　▾　★ 收藏夹　▾　商品分类　　|　卖家中心　　联系客服　　▾ 网站导航　▾

图 10-6　电商平台的导航条

若想要设计一个三角形图标,则可以通过插入图片的方式实现,但这种方式比较麻烦。而使用 CSS3 中的 border 边框属性来实现三角形效果,则会更为简单。

10.3.2　实现三角形图标

1. 实现方法

在实际开发中,可以利用 border 属性在渲染时的一些表现特点来一步步实现三角形图标的制作。

第 1 步:为元素设置宽度和高度,元素 4 个边框保持相同的边框宽度,并且为每一个边框设置不同的颜色加以区分,元素渲染后的表现形式为由 4 个梯形组成的边框。此时边框衔接处为两种颜色的交集,形成斜线的展示效果。

第 2 步:将元素的宽度和高度都设置为 0,4 个边框会无缝衔接到一起,其渲染后的表现形式为由 4 个等腰三角形组成的正方形。

第 3 步:把其中的 3 个边框的颜色定义为 transparent 透明色,至此便完成了三角形图标的制作。

2. 演示说明

创建 3 个元素,逐步演示三角形图标的形成过程,具体代码如例 10-4 所示。

【例 10-4】　三角形图标。

```
1   <!DOCTYPE html>
2   <html lang = "en">
3   <head>
4       <meta charset = "UTF-8">
5       <title>三角形图标</title>
6       <style>
7           /* 取消页面默认边距 */
8           *{
9               margin: 0;
10              padding: 0;
11          }
12          /* 为3个元素统一设置外边距 */
13          div{
14              margin: 20px;
15          }
16          /* 第1个元素,为元素设置宽度和高度,4个边框设置相同的边框宽度,并且为每一个
            边框设置不同的颜色加以区分 */
```

```
17        .test1{
18            width: 100px;
19            height: 100px;
20            border - top: 40px solid #eda4a4;          /* 设置上边框 */
21            border - right: 40px solid #6f93cf;         /* 设置右边框 */
22            border - bottom: 40px solid #cd9fe3;        /* 设置下边框 */
23            border - left: 40px solid #638d72;          /* 设置左边框 */
24        }
25        /* 第 2 个元素,将元素的宽度和高度都设置为 0 */
26        .test2{
27            width: 0;
28            height: 0;
29            border - top: 40px solid #eda4a4;          /* 设置上边框 */
30            border - right: 40px solid #6f93cf;         /* 设置右边框 */
31            border - bottom: 40px solid #cd9fe3;        /* 设置下边框 */
32            border - left: 40px solid #638d72;          /* 设置左边框 */
33        }
34        /* 第 3 个元素,把其中的 3 个边框的颜色定义为 transparent 透明色 */
35        .test3{
36            width: 0;
37            height: 0;
38            border - top: 40px solid #eda4a4;          /* 设置上边框 */
39            border - right: 40px solid transparent;      /* 设置右边框 */
40            border - bottom: 40px solid transparent;     /* 设置下边框 */
41            border - left: 40px solid transparent;       /* 设置左边框 */
42        }
43    </style>
44 </head>
45 < body >
46    < div class = "test1"></div>
47    < div class = "test2"></div>
48    < div class = "test3"></div>
49 </body>
50 </html>
```

运行上述代码,三角形图标的运行效果如图 10-7 所示。

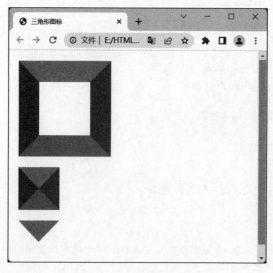

图 10-7 三角形图标的运行效果

由于所有的二维多边形皆可由多个三角形组成,再以 border 属性的表现形式为基础,通过设置不同边框宽度值、颜色以及借助伪元素或者多个元素的拼接可以实现更为复杂的一些图形,理论上可以使用 CSS 绘制任意的多边形,如平行四边形、菱形等。

10.4 精美的"上传"按钮

10.4.1 了解"上传"按钮

网页中的上传功能是通过<input>标签的 type 属性值为 file 方式实现的,"上传"按钮的默认样式受限于<input>标签,是不容易修改的。网页中精美的"上传"按钮样式如图 10-8 所示。

如何能够按照设计师给出的"上传"按钮
进行效果展示呢? 接下来将详细讲解如何设
计一个精美的"上传"按钮。

图 10-8 "上传"按钮样式

10.4.2 设计"上传"按钮

在设计一个精美的"上传"按钮时,首先,将设计师设计的按钮样式图片作为"上传"按钮父元素的背景图片。然后,将"上传"按钮和其父元素通过定位的方式叠加起来。最后,将"上传"按钮的透明度设置为 0,这样从效果上便只会显示按钮的样式,即做出一个精美的"上传"按钮。

通过 CSS3 定位和改变不透明度,设计一个精美的"上传"按钮,具体代码如例 10-5 所示。

【例 10-5】 精美的"上传"按钮。

```
1   <!DOCTYPE html>
2   < html lang = "en">
3   < head >
4       < meta charset = "UTF - 8">
5       < title>精美的"上传"按钮</title>
6       < style>
7           /* 父容器 */
8           .upload{
9               width: 90px;
10              height: 35px;
11              position: relative;              /* 父元素设置相对定位 */
12              overflow: hidden;                /* 清除异常效果 */
13              background: url("../images/upload.png") no - repeat;  /* 添加背景图片 */
14              background - size: 100 % 100 % ;
15          }
16          /* 文件域("上传"按钮) */
17          .upload input{
18              width: 100 % ;
19              height: 100 % ;
20              position: absolute;              /* 设置绝对定位 */
21              top: 0;                          /* 距离父元素顶部 0px */
22              left: 0;                         /* 距离父元素左侧 0px */
```

```
23              z - index: 9;                      /* 提高层级 */
24              background - color: transparent;    /* 背景颜色透明 */
25              opacity: 0;                          /* 不透明度为 0 */
26          }
27      </style>
28  </head>
29  <body>
30      <!-- 父容器 -->
31      <div class = "upload">
32          <!-- 文件域("上传"按钮) -->
33          <input type = "file" name = "files">
34      </div>
35  </body>
36  </html>
```

运行上述代码，精美的"上传"按钮的运行效果如图 10-9 所示。

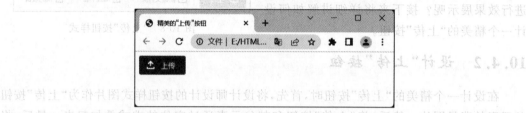

图 10-9　精美的"上传"按钮的运行效果

10.5　CSS3 扩展

10.5.1　添加省略号

当一段文字超过容器宽度时，一般会使用省略号表示溢出的文本内容，这种效果可以使用 text-overflow 属性实现。text-overflow 属于 CSS3 中的属性，它用于设置当文本内容的宽度超过容器宽度时，也就是文本溢出时，文本内容在容器中的显示方式。text-overflow 属性的值有 3 个，分别是 clip、ellipsis 和 string，其中 clip 是默认值，表示文本溢出时，溢出部分会被修剪并隐藏；ellipsis 表示文本溢出时，用省略号表示溢出的部分；string 表示文本溢出时，溢出部分显示指定的字符串。

使用 text-overflow 属性的可选值 ellipsis 为文本内容添加省略号，具体代码如例 10-6 所示。

【例 10-6】　添加省略号。

```
1   <! DOCTYPE html >
2   < html lang = "en">
3   < head >
4       < meta charset = "UTF - 8">
5       <title>添加省略号</title>
6       < style >
7           .text{
8               width: 450px;
9               border: 1px solid #ccc;              /* 添加边框 */
```

```
10              padding: 10px;                    /* 添加内边距 */
11              overflow: hidden;                 /* 超出部分隐藏 */
12              text - overflow: ellipsis;        /* 文本超出部分使用省略号 */
13              white - space: nowrap;            /* 强制一行显示,不换行 */
14          }
15      </style>
16  </head>
17  < body>
18      <!-- 单行文本添加省略号 -->
19      < p class = "text">
20          中国传统建筑并没有严格的流派划分,其派系是按照原住地居民长久以来的当地风土
    人情,而形成的不同风格民居。
21      </p>
22  </body>
23  </html>
```

运行上述代码,添加省略号的运行效果如图 10-10 所示。

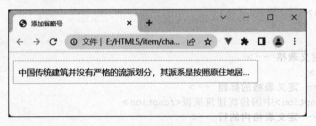

图 10-10 添加省略号的运行效果

在例 10-6 中,首先,将 overflow 属性值设置为 hidden,将溢出的文字进行隐藏操作。然后,通过设置 text-overflow 属性值为 ellipsis,为文字添加省略号。最后,将 white-sapce 属性值设置为 nowrap,强制文字不换行。

10.5.2 合并表格边框

在第 3 章中介绍过 HTML5 表格的操作,但是表格边框之间会有空隙,而使用 CSS3 边框样式能够消除表格边框之间的空隙。

1. border-collapse 属性

在实际开发中,通常使用 CSS3 中的 border-collapse 属性来决定表格的边框是分开还是合并,它的属性值有 separate(默认值)和 collapse。当属性值为 separate 时,在分隔模式下,相邻的单元格都拥有独立的边框;当属性值为 collapse 时,在合并模式下,相邻单元格共享边框。

border-collapse 属性合并表格边框的代码如下。

```
table{ border - collapse: collapse; }
```

2. 演示说明

使用 border-collapse 属性合并表格边框,具体代码如例 10-7 所示。

【例 10-7】 合并表格边框。

```
1  <!DOCTYPE html >
2  < html lang = "en">
```

225

226

```
3   < head >
4       < meta charset = "UTF - 8">
5       < meta http - equiv = "X - UA - Compatible" content = "IE = edge">
6       < meta name = "viewport" content = "width = device - width, initial - scale = 1.0">
7       <title>中国传统建筑派系</title>
8       < style >
9           /* 设置整个表格 */
10          table{
11              text - align: center;              /* 文本居中 */
12              border:1px solid #aaa;              /* 设置表格边框大小、样式和颜色 */
13              border - collapse: collapse;        /* 合并边框 */
14
15          }
16          td,th{
17              border:1px solid #aaa;              /* 为单元格添加边框 */
18              padding: 10px;                      /* 添加内边距 */
19          }
20      </style>
21  </head>
22  < body >
23      <!-- 定义表格 -->
24      < table >
25          <!-- 定义表格的标题 -->
26          < caption >中国传统建筑流派</caption>
27          <!-- 定义表格内的行 -->
28          < tr >
29              <!-- 定义表格内的表头单元格 -->
30              < th >编号</th>
31              < th >派系</th>
32              < th >关键词</th>
33              < th >区域</th>
34              < th >特色</th>
35          </tr>
36          < tr >
37              <!-- 定义表格内的标准单元格 -->
38              < td > 01 </td>
39              < td >徽派建筑</td>
40              < td >青石白瓦,高墙深院</td>
41              < td >中国南方民居的代表</td>
42              < td >"三绝"(民居、祠堂、牌坊)和"三雕"(木雕、石雕、砖雕)</td>
43          </tr>
44          < tr >
45              < td > 02 </td>
46              < td >京派建筑</td>
47              < td >对称分布,如意吉祥</td>
48              < td >中国北方院落民居以京派建筑最为典型</td>
49              < td >北京四合院</td>
50          </tr>
51          <!-- 此处省略雷同代码 -->
52      </table>
53  </body>
54  </html>
```

运行上述代码,合并表格边框的运行效果如图 10-11 所示。

图 10-11　合并表格边框的运行效果

10.6　本章小结

本章重点学习 HTML5 与 CSS3 的实战演练,通过 6 个不同的实战案例作为技能训练,如元素屏幕居中设计、分页居中展示、三角形图标、精美的"上传"按钮、添加省略号和合并表格边框,从而解决实际开发需求,启发读者对实际开发解决问题的能力。

10.7　习　　题

1. 填空题

(1)_____属性可以解决块级元素的居中问题。

(2)_____属性可以解决内联元素的居中问题。

(3)三角形图标可以通过_____属性进行设计。

(4)通过_____属性能够消除表格边框之间的空隙。

2. 思考题

简述如何给单行文本添加省略号。

第11章　网页开发流程

学习目标

- 了解网页开发的流程。
- 掌握图书网页各个模块的制作。

在前面的章节中已经介绍了如何制作各种常见的网页结构。对于整体页面的制作，还需要注意一些细节，因此本章将讲解如何进行网页的开发制作，从而使读者彻底理解和掌握HTML5＋CSS3搭建页面的技术。

11.1　图书网页分析

11.1.1　网页模块命名规范

1. 命名原则

在项目开发过程中，为了让项目中的代码可读性好、容易理解和维护，会对代码中方法的命名、变量的命名等制定一些规范，后续开发人员编写代码时需要遵循这些规范。同样，当在开发过程中对项目中的网页模块命名时，也需要遵循网页模块的命名规范，通常网页模块的命名需要遵循以下3个原则(规范)，具体如下。

(1) 命名避免使用中文字符(如 id＝"内容")。

(2) 命名不能以数字开头(如 id＝"1header")。

(3) 命名不能使用关键字(如 id＝"div")。

在网页开发中，常用驼峰式和帕斯卡这两种命名方式，具体说明如下。

(1) 驼峰式命名：除第一个单词后面的单词首字母都要大写(如 navOne)。

(2) 帕斯卡命名：每个单词之间用"_"连接(如 nav_one)。

2. 常用命名

了解命名规则和命名方式之后，将列举一些网页中常用的命名。模块常用命名和CSS3文件命名分别如表11-1和表11-2所示。

表 11-1　模块常用命名

模　　块	命　　名	模　　块	命　　名
头部	header	标签页	tab
内容	content/container	文章列表	list
尾部	footer	提示信息	msg
导航	nav	小技巧	tips
子导航	subnav	栏目标题	title

模　块	命　名	模　块	命　名
侧栏	sidebar	加入	joinus
栏目	column	指南	guild
左/右/中	left/right/center	服务	service
登录条	loginbar	注册	register
标志	logo	状态	status
广告	banner	投票	vote
页面主体	main	合作伙伴	partner
热点	hot	搜索	search
新闻	news	友情链接	frIEndlink
下载	download	页眉	header
菜单	menu	页脚	footer
子菜单	submenu	版权	copyright

表 11-2　CSS3 文件命名

CSS 文件	命　名	CSS 文件	命　名
主要的	master.css	专栏	columns.css
模块	module.css	文字	font.css
基本共用	base.css	表单	forms.css
布局	layout.css	补丁	mend.css
主题	themes.css	打印	print.css

11.1.2　图书网页效果图

本章的主要内容是使用 HTML5 与 CSS3 技术制作一个图书网页的页面。该网页主要包括头部导航、广告、列表、页脚 4 个模块，图书网页的效果图如图 11-1 所示。

图 11-1　图书网页的效果图

11.1.3 文件夹组织结构

一个清晰规范的文件夹组织结构,可使开发者快速便捷地寻找到相应的文件,以便对网页进行管理和后期维护。在本案例中,项目的根目录文件夹被命名为 chapter11,根目录文件夹中包含 css 子文件夹、images 子文件夹和页面的 HTML 文件,具体的文件夹组织结构如图 11-2 所示。

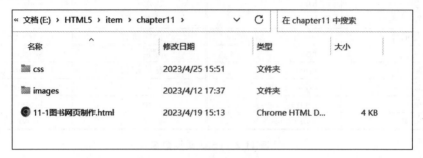

图 11-2　文件夹组织结构

11.2　图书网页的设计与实现

本节介绍图书网页的页面设计与实现,主要包括各个模块的效果图以及代码的实现。

11.2.1　结构划分与公共样式

首先,在设计一个网页时,首先需要确定网页的结构划分,这样有利于后期分模块进行开发。在本章的实例中,网页大概可划分为头部导航、广告、列表、页脚等模块。

其次,在设计网页中各个模块的页面样式之前,需要先搭建好网页的基础架构,并重置浏览器默认样式。这样做的好处是可以复用样式代码,减少代码量,提高性能。例如,网页中清除浮动的 .clearfix 样式属于公共样式,同样 CSS reset 部分也属于公共样式。

通常情况下,在 HTML5 文件中通过外链方式引用 CSS3 样式表,即使用<link>标签引用扩展名为 .css 的样式表,具体代码如下。

```
< link type = "text/css" rel = "stylesheet" href = "css/base.css">
< link type = "text/css" rel = "stylesheet" href = "css/master.css">
```

其中,base.css 文件用于重置浏览器默认样式,并使用 CSS 属性为图书网页元素设置公共样式;master.css 文件用于设置各个模块的主要样式。

图书网页的公共样式,base.css 文件中的 CSS 代码如下。

```
1  / * css 重置启动 * /
2  / * 取消页面默认边距 * /
3  * {
4      margin: 0;
5      padding: 0;
6  }
7  ul{
```

```
8        list - style: none;
9    }
10   a{
11       text - decoration: none;
12   }
13   img{
14       border: none;
15       vertical - align: middle;   /* 清除底部空白间隙 */
16   }
17   /* css reset end */
18
19   /* css public start */
20   /* 使用伪元素清除浮动 */
21   .clearfix::after{
22       content: "";
23       display: block;
24       clear: both;
25   }
26   body{
27       font - family: "Helvetica Neue", Helvetica, Arial, sans - serif;
28       font - size: 14px;
29       line - height: 1.5;
30       color: #333;
31       background - color: #fff;
32   }
33   /* 统一设置 wrapper 模块 */
34   .wrapper{
35       width: 1080px;
36       margin: 0 auto;
37   }
38   /* css public end */
```

在完成图书网页的结构划分与公共样式之后,便需要开始对图书网页中的各个模块进行布局设计。

11.2.2 头部导航制作

1. 模块效果图

头部导航模块由标题和导航栏构成,其效果如图 11-3 所示。

图 11-3 头部导航模块效果图

2. 代码实现

在头部导航模块中,<ul>无序列表用于制作右侧导航栏。首先,使用 float 属性将左侧标题和右侧导航栏分别设置向左和向右进行浮动;然后,为右侧导航栏中的每一个列表项设置浮动,使其依次水平排列在导航栏中;最后,使用 position:fixed 将头部导航固定在浏览器顶部,并利用 z-index 属性提高头部导航模块的层级。

1) 主体结构代码

```
1   <!-- 头部 -->
2   < div class = "header">
3       < div class = "wrapper clearfix">
4           <!-- 标题 -->
5           < div class = "nav - left">
6               < p >< a href = " # ">图书网页</a></p>
7           </div>
8           <!-- 导航 -->
9           < ul class = "nav - right">
10              < li >< a href = " # ">首页</a></li>
11              < li >< a href = " # ">教育</a></li>
12              < li >< a href = " # ">文艺</a></li>
13              < li >< a href = " # ">科技</a></li>
14              < li >< a href = " # ">生活</a></li>
15              < li >< a href = " # ">文学</a></li>
16              < li >< a href = " # ">童书</a></li>
17              < li >< a href = " # ">关于</a></li>
18          </ul>
19      </div>
20  </div>
```

2) CSS 代码

在 master.css 文件中设置头部导航模块的页面样式,其具体代码如下。

```
1   /* 头部 */
2   .header{
3       background - color: rgba(218, 135, 176, 0.9);
4       height: 50px;
5       position: fixed;          /* 为头部导航设置固定定位 */
6       top: 0;                   /* 距离浏览器窗口顶部 0px */
7       left: 0;
8       right: 0;
9       z - index: 99;            /* 提高层级 */
10  }
11  .header a{
12      color: #e8e8e8;
13      font - weight: 600;
14  }
15  /* 标题 */
16  .nav - left{
17      line - height: 50px;      /* 行高与高的值相同,可使元素中的内容垂直居中 */
18      float: left;              /* 左浮动 */
19  }
20  .nav - left a{
21      font - size: 20px;
22  }
23  /* 导航 */
24  .nav - right{
25      float: right;             /* 右浮动 */
26  }
27  .nav - right > li{
28      height: 50px;
```

```
29        line – height: 50px;
30        text – align: center;            /* 文本左右方向居中 */
31        padding: 0 15px;
32        float: left;                     /* 设置元素向左浮动 */
33    }
34    .nav – right > li > a{
35        font – size: 18px;
36    }
37    .nav – right > li > a:hover{
38        color: #fff;
39    }
```

11.2.3　广告制作

1. 模块效果图

广告模块主要由图片和文本构成，其效果如图 11-4 所示。

图 11-4　广告模块效果图

2. 代码实现

在广告模块中，主要以图片展示和文本标题为主，HTML5 和 CSS3 结构都比较简单。

1）主体结构代码

```
1   <!-- 广告 -->
2   < div class = "banner">
3       < div class = "wrapper">
4           < h1 >
5               < img src = "images/book.jpeg" alt = "">
6           </h1 >
7           <h2>行万里路,读万卷书,读书的意义就在于更好地认识自己和感知世界!</h2>
8           < p >
9               <a href = "#">了解更多</a>
10          </p >
11      </div >
12  </div >
```

2）CSS 代码

在 master.css 文件中设置广告模块的页面样式，其具体代码如下。

```
1   /* 广告 */
2   .banner{
3       background – color: #da87b0;
```

```
4          text - align: center;
5          overflow: hidden;              /* 解决外边距塌陷问题 */
6     }
7     .banner h1{
8          width: 420px;
9          height: 200px;
10         margin: 60px auto 10px;        /* 添加外边距 */
11    }
12    /* 广告图片 */
13    .banner h1 img{
14         width: 100%;
15         height: 100%;
16    }
17    .banner h2{
18         margin - bottom: 15px;
19         color: #fff;
20    }
21    .banner p{
22         margin - bottom: 20px;
23         font - size: 18px;
24         font - weight: 300;
25    }
26    .banner p a{
27         color: #f2c9c9;
28         padding: 6px 15px;
29         border: 2px solid #efbfbf;      /* 添加边框样式 */
30         border - radius: 5px;           /* 添加圆角效果 */
31    }
```

11.2.4 列表制作

1. 模块效果图

列表模块主要由 6 个不同的特点功能块构成,其效果如图 11-5 所示。

组成部分	概述	含义
在中国原指典籍,图书包括书籍、画册、图片等出版物。	书籍是指装订成册的图书和文字,在狭义上的理解是带有文字和图像、纸张的集合。	书籍是用文字、图画和其他符号,在一定材料上记录各种知识,并且制装成卷册的著作物。
发展起源	作用	代称
书籍最早可追溯于石、木、陶器、青铜、棕榈树叶、骨、白桦树皮等物上的铭刻。	书籍是人类进步和文明的重要标志之一,是促进社会政治、经济、文化发展必不可少的重要传播工具。	青简、韦编、青编,古代没有纸时,把字写在竹简上,用皮绳把竹简编缀起来,故称书籍为"青简""韦编"。

图 11-5　列表模块效果图

2. 代码实现

在列表模块中,<ul>无序列表用于制作特点功能块,与头部导航中的右侧导航栏类似,都是使用 float 属性为每一个列表项设置向左浮动。不同的是,由于列表被划分为 2 行,在第 3 个列表项后面需要添加一个类名为 clear 的空标签,用于清除浮动带来的影响。同时,为了不影响列表模块的排版布局,可使用 box-sizing:border-box 将每一个列表项设置为 IE

盒子模型,这样即使添加内边距也不需要再重新计算元素的宽度了。

1) 主体结构代码

```
1   <!-- 列表 -->
2   <div class="column">
3       <div class="wrapper">
4           <ul class="list clearfix">
5               <!-- 列表中的各项目 -->
6               <li class="item">
7                   <h2>组成部分</h2>
8                   <p>在中国原指典籍,图书包括书籍、画册、图片等出版物。</p>
9               </li>
10              <li class="item">
11                  <h2>概述</h2>
12                  <p>书籍是指装订成册的图书和文字,在狭义上的理解是带有文字和图像、
    纸张的集合。</p>
13              </li>
14              <li class="item">
15                  <h2>含义</h2>
16                  <p>书籍是用文字、图画和其他符号,在一定材料上记录各种知识,并且制
    装成卷册的著作物。</p>
17              </li>
18              <!-- 清除浮动的影响 -->
19              <li class="clear"></li>
20              <li class="item">
21                  <h2>发展起源</h2>
22                  <p>书籍最早可追溯于石、木、陶器、青铜、棕榈树叶、骨、白桦树皮等物上的
    铭刻。</p>
23              </li>
24              <li class="item">
25                  <h2>作用</h2>
26                  <p>书籍是人类进步和文明的重要标志之一,是促进社会政治、经济、文化
    发展必不可少的重要传播工具。</p>
27              </li>
28              <li class="item">
29                  <h2>代称</h2>
30                  <p>青简、韦编、青编,古代没有纸时,把字写在竹简上,用皮绳把竹简编缀
    起来,故称书籍为"青简""韦编"。</p>
31              </li>
32          </ul>
33      </div>
34  </div>
```

2) CSS 代码

在 master.css 文件中设置列表模块的页面样式,其具体代码如下。

```
1   /* 列表 */
2   .column .list{
3       width: 100%;
4   }
5   .column .item{
6       box-sizing: border-box;          /* 转换为 IE 盒子模型 */
7       width: 360px;
8       height: 161px;
```

```
9        padding: 20px;
10       float: left;                                    /* 向左浮动 */
11       box - shadow: 0 0 10px 0 rgba(39, 127, 255, 0.1);    /* 设置阴影效果 */
12   }
13   /* 清除浮动 */
14   .clear{
15       clear: both;
16   }
17   .column .item p{
18       line - height: 25px;
19       font - size: 17px;
20       padding: 10px 0 0;
21   }
```

11.2.5 页脚制作

1. 模块效果图

页脚模块主要由网页的版权信息和"回到顶部"图标构成,其效果如图 11-6 所示。

Copyright © 图书网页

图 11-6　页脚模块效果图

2. 代码实现

在页脚模块中,首先,使用固定定位将页脚模块固定在浏览器的底部;其次,使用固定定位将"回到顶部"图标定位在浏览器右下角的位置,当单击"回到顶部"图标时,页面可以跳转至页面顶部位置。

1) 主体结构代码

```
1        <!-- 页脚 -->
2        < div class = "footer">
3            <!-- 版权信息 -->
4            < p class = "copy"> Copyright &copy; 图书网页</p>
5            <!-- 回到顶部 -->
6            < a href = " # " class = "toTop"></a>
7        </div>
8    </div>
```

2) CSS 代码

在 master.css 文件中设置页脚模块的页面样式,其具体代码如下。

```
1    /* 页脚 */
2    .footer {
3        padding: 15px 0;
4        background: #e7a4c5;
5        text - align: center;
6        position: fixed;                /* 为头部导航设置固定定位 */
7        bottom: 0;                      /* 距离浏览器窗口底部 0px */
8        left: 0;
9        right: 0;
10   }
11   .footer .copy {
```

```
12      color: #3b3b3b;
13      font - family: lato_regular, arial;
14      font - size: 15px;
15      line - height: 25px
16  }
17  /* 回到顶部 */
18  .footer a{
19      display: block;
20      width: 40px;
21      height: 40px;
22      background - image: url("images/top.png");
23      background - size: 100% 100%;
24      position: fixed;
25      bottom: 20px;
26      right: 20px;
27      z - index: 99;
28  }
```

11.3 本章小结

本章主要讲解了图书网页的静态页面实现,该网页包括头部导航、广告、列表、页脚4个模块,主要采用了CSS3浮动、CSS3定位等技术,以及搭配多种CSS3样式,共同实现了网页的整体布局效果。通过本章的实战学习,希望读者能够熟悉网页开发的基本流程,并能够使用HTML5和CSS3技术设计出简单的静态页面,增强对前端的基础学习,为后面深入学习前端进阶技术奠定基础。

11.4 习　　题

1. 填空题

(1) 网页模块命名中应避免_____、_____、_____。

(2) 驼峰式命名规则要求除第一个单词后面的单词首字母都要_____。

(3) 帕斯卡命名规则要求每个单词之间用_____连接。

2. 选择题

(1) 以下不属于模块常用命名的是(　　)。

  A. header   B. banner   C. apple   D. footer

(2) 以下不属于CSS文件常用命名的是(　　)。

  A. hello   B. themes   C. base   D. layout

3. 思考题

简述在设计网页时如何划分网页结构和基础架构。

第 12 章　移动端布局与响应式开发

学习目标

- 了解视口的概念和分类。
- 了解视口与流式布局的概念与使用。
- 掌握 Flex 布局的用法。
- 掌握智慧教学搜索专栏的实现方式。
- 掌握媒体查询与 Rem 布局的用法。
- 掌握智慧教学首页的实现方式。

伴随着手机的广泛使用,移动互联网已成为当下热门的话题,而移动端开发也成为重要的发展方向。移动端布局和 PC(个人计算机)端布局有很多不同之处。移动端设备的尺寸不一,开发者需要针对不同的设备对页面进行适配处理;而横屏竖屏切换,则需要有针对性的响应式布局。移动端布局有流式布局、Flex 布局和 Rem 布局等,不同的网页可以使用不同的布局方式来呈现。

12.1　视口与流式布局

移动端布局中会涉及一个视口(Viewport)的概念。学习移动端布局,了解视口的概念和分类是十分有必要的。

12.1.1　视口

视口和窗口(Window)是两种不同的概念。视口依赖于设备坐标,窗口依赖于逻辑坐标。视口是浏览器显示页面内容的屏幕区域,窗口是显示设备给定的大小。

在 PC 端,视口仅表示浏览器的可视区域,视口宽度与浏览器窗口宽度保持一致。在移动端,视口与移动端浏览器的宽度并不关联,移动端视口较为复杂,主要涉及 3 个视口:布局视口、视觉视口和理想视口。

1. 布局视口

布局视口(Layout Viewport)指的是网页的宽度,一般移动设备的浏览器都默认添加一个 viewport 元标签用于设置布局视口。根据设备类型的不同,布局视口的默认宽度可能是 768px、980px 或 1024px,在移动设备中这些固定宽度并不适用。当在移动设备的浏览器中展示 PC 端的网页内容时,由于移动设备屏幕较小,因此网页不能像在 PC 端中那样完美地展示,这也是布局视口存在的问题。PC 端网页在移动端浏览器中会出现左右方向上的滚动条,用户需要通过左右滑动才可以查看页面的完整内容。布局视口如图12-1所示。

布局视口的理想的宽度指的是以 CSS 像素为单位计算的宽度,即屏幕的逻辑像素宽度,与设备的物理像素宽度并无关联。一个设备的逻辑像素在不同像素密度的设备屏幕上始终占据着相同的空间。

2. 视觉视口

视觉视口(Visual Viewport)通俗来说就是用户当前所看到的区域。在 PC 端,浏览器窗口可随意改变大小,我们可直观地看到窗口发生的变化。在移动端,大部分移动端设备的浏览器并不

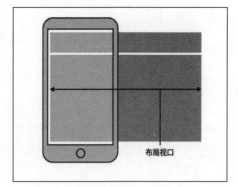

图 12-1 布局视口

支持改变浏览器宽度,因此视觉视口就是其屏幕大小,视觉视口宽度和设备屏幕宽度始终保持一致。用户可通过手动缩放去操作视觉视口显示内容,但不会因此影响布局视口,布局视口仍保持原有宽度。视觉视口如图12-2所示。

3. 理想视口

布局视口的默认宽度并不是一个理想宽度,于是浏览器厂商引入理想视口(Ideal Viewport)这个概念。理想视口实现页面在设备中的最佳呈现,理想视口是布局视口的一个理想尺寸。显示在理想视口中的网页拥有最理想的浏览、阅读宽度,用户无须对页面进行缩放便可完美地浏览整个页面。理想视口如图12-3所示。

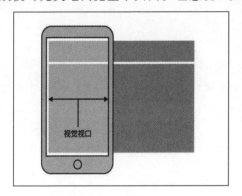

图 12-2 视觉视口

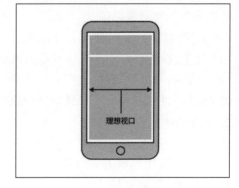

图 12-3 理想视口

4. 使用视口

通过<meta>视口标签可以在不同的设备上设置视口,<meta>视口标签的语法格式如下。

```
< meta name = "viewport" content = "视口的属性">
```

完整视口的写法如下。

```
< meta name = viewport content = "width = device - width, user - scalable = no, initial - scale = 1.0,
minimum - scale = 1.0, maximum - scale = 1.0, minimal - ui">
```

<meta>标签的主要目的是实现布局视口的宽度与理想视口的宽度一致,简单理解就是设备屏幕有多宽,布局视口就有多宽。<meta>标签中常用的属性及其说明如表12-1所示。

239

移动端布局与响应式开发

240

表 12-1　＜meta＞标签中常用的属性及其说明

属　性	说　明
width	设置布局视口的宽度,可指定固定值,如 600;也可指定特殊值,如 device-width 表示视口宽度为当前设备的宽度,单位为像素
height	与 width 相对应,设置布局视口的高度。该属性可设置为数值或 device-height,单位为像素
user-scalable	设置用户是否可以手动缩放。yes 表示可以手动缩放,no 表示禁止手动缩放
initial-scale	设置页面的初始缩放比例,即页面第一次加载时的缩放比例,属性值为大于 0 的数字
minimum-scale	设置允许用户缩放页面的最小比例,即最小缩放比,属性值为大于 0 的数字
maximum-scale	设置允许用户缩放页面的最大比例,即最大缩放比,属性值为大于 0 的数字
minimal-ui	＜meta＞标签新增的属性,可以使网页在加载时便可隐藏顶部的地址栏与底部的导航栏

12.1.2　流式布局

　　流式布局也叫百分比布局,是一种等比例缩放的布局方式,是移动端开发中经常使用的布局方式之一。流式布局是对页面以百分比方式划分区域进行排版,可以在不同分辨率下显示相同的版式,将盒子的宽度设置成百分比,搭配 min-＊ 和 max-＊ 属性使用。流式布局的实现方法是将 CSS 固定像素宽度换算为百分比宽度,换算公式为"目标元素宽度/父盒子宽度＝百分数宽度"。

1. 特点

流式布局的特点有以下 3 方面。

(1) 盒子宽度自适应,使用百分比来定义,但高度使用固定 px 像素值定义。

(2) 盒子内的图标、字体大小等都是固定的,不是所有内容都是自适应的。

(3) 在 CSS 样式中,需要使用 min-＊ 和 max-＊ 属性来设置盒子在设备中的最小宽度和最大宽度,防止任意拉伸页面导致异常问题的发生。

2. 演示说明

在移动端页面上,使用流式布局的百分比方式划分 3 个不同元素的宽度,分别展示 3 张不同的图片,具体代码如例 12-1 所示。

【例 12-1】　流式布局。

```
1    <!DOCTYPE html>
2    <html lang = "en">
3    <head>
4        <meta charset = "UTF - 8">
5        <meta http - equiv = "X - UA - Compatible" content = "IE = edge">
6        <!-- 设置视口 -->
7        <meta name = "viewport" content = "width = device - width, initial - scale = 1.0">
8        <title>流式布局</title>
9    </head>
10   <body>
11       <style>
12           /* 清除页面默认边距 */
13           * {
14               margin: 0;
```

```
15              padding: 0;
16          }
17      /* 设置整个页面 */
18      body{
19          width: 100%;
20          min-width: 240px;          /* 移动端视口的最小宽度 */
21          max-width: 600px;          /* 最大宽度 */
22          margin: 0 auto;
23          font-size: 16px;           /* 字体大小 */
24          color: #84919d;            /* 文字颜色 */
25      }
26      /* 标题 */
27      h3{
28          text-align: center;        /* 文本居中 */
29          padding: 10px 0;           /* 添加上下内边距 */
30      }
31      /* 设置移动端页面中的无序列表盒子 */
32      ul{
33          width: 100%;               /* 宽度为100% */
34          height: 180px;             /* 高度 */
35          list-style: none;          /* 取消项目列表标记 */
36      }
37      /* 设置每一个子元素 */
38      ul li{
39          height: 180px;
40          float: left;               /* 向左浮动 */
41          text-align: center;        /* 内容居中对齐 */
42      }
43      /* 分别设置第1~3个子元素在父盒子中的百分比宽度 */
44      ul li:nth-child(1){
45          width: 27%;
46      }
47      ul li:nth-child(2){
48          width: 28%;
49      }
50      ul li:nth-child(3){
51          width: 45%;
52      }
53      /* 统一设置每一个子元素中的图片 */
54      ul li img{
55          width: 100%;               /* 图片宽度为自身父元素的100% */
56          height: 160px;
57          vertical-align: top;       /* 清除图片底部空白间隙 */
58      }
59  </style>
60 </head>
61 <body>
62  <h3>风景展览</h3>
63  <ul>
64      <li>
65          <img src="../images/photo-1.jpg" alt="">
66          <span>春花</span>
67      </li>
68      <li>
```

241

移动端布局与响应式开发

```
69                    < img src = "../images/photo - 2.jpg" alt = "">
70                    < span >秋叶</span >
71               </li>
72               < li >
73                    < img src = "../images/photo - 3.jpg" alt = "">
74                    < span >冬雪</span >
75               </li>
76          </ul>
77  </body>
78  </html>
```

运行上述代码,流式布局的运行效果如图 12-4 所示。

图 12-4 流式布局的运行效果

12.2 Flex 布局

CSS3 弹性盒(Flexible Box,也称 flexbox、Flex)是当前较为流行的 Web 布局方式之一,它使 Web 开发者在完成页面或组件的 UI 布局时,更具灵活性和便利性。

12.2.1 Flex 结构

Flex 是 Flexible Box 的缩写,意为"弹性布局",是一种当页面需要适应不同的屏幕大小以及设备类型时可确保元素拥有恰当行为的布局方式。Flex 布局可提供一种更加有效的方式来对容器中的子元素进行排列、对齐和分配空白空间。

任何一个容器都可以使用 display 属性指定为 Flex 布局,示例代码如下。

```
块级元素 display:flex;
内联元素 display:inline - flex;
```

采用 Flex 布局的元素,称为 Flex 容器(flex container),简称"容器"。它的所有子元素自动成为容器成员,称为 Flex 项目(flex item),简称"项目"。容器默认存在两根轴,即水平的主轴(main axis)和垂直的交叉轴(也称为侧轴,cross axis)。主轴的开始位置(与边框的交叉点)叫作 main start,结束位置叫作 main end;交叉轴的开始位置叫作 cross start,结束

位置叫作 cross end,项目默认沿主轴排列。单个项目占据的主轴空间叫作 main size,占据
的交叉轴空间叫作 cross size。Flex 布局的结构如图 12-5 所示。

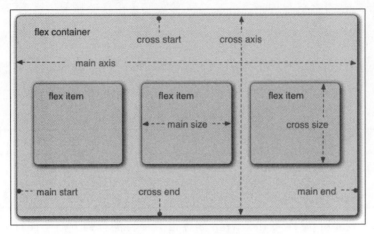

图 12-5　Flex 布局的结构

12.2.2　容器属性

Flex 布局的容器属性有 6 个,分别为 flex-direction 属性、flex-wrap 属性、flex-flow 属性、justify-content 属性、align-items 属性和 align-content 属性。接下来将详细介绍这 6 个容器属性。

1. flex-direction 属性

flex-direction 属性决定主轴的方向,即项目的排列方向,其语法格式如下。

```
flex - direction: row | row - reverse | column | column - reverse;
```

在上述语法中,flex-direction 属性有 4 个属性值,flex-direction 属性值及其说明如表 12-2 所示。

表 12-2　flex-direction 属性值及其说明

属　性　值	说　　　明
column-reverse	主轴为垂直方向,起点在下沿
column	主轴为垂直方向,起点在上沿
row	默认值,主轴为水平方向,起点在左端
row-reverse	主轴为水平方向,起点在右端

flex-direction 属性决定主轴的 4 种排列方向,如图 12-6 所示。

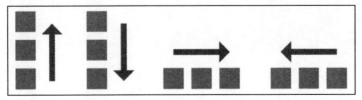

图 12-6　主轴的排列方向

移动端布局与响应式开发

2. flex-wrap 属性

在默认情况下,项目都是排在一条轴线上的。flex-wrap 属性可用于定义当一条轴线排不下所有项目时,项目的换行方式。flex-wrap 属性的语法格式如下。

```
flex-wrap: nowrap | wrap | wrap-reverse;
```

在上述语法中,flex-wrap 属性有 3 个属性值,flex-wrap 属性值及其说明如表 12-3 所示。

表 12-3　flex-wrap 属性值及其说明

属 性 值	说　　明
nowrap	默认值,项目不换行
wrap	换行,第一行在上方
wrap-reverse	换行,第一行在下方

使用 flex-direction 属性和 flex-wrap 属性设置项目的排列方向与换行方式,具体代码如例 12-2 所示。

【例 12-2】　排列方向与换行方式。

```
1   <!DOCTYPE html>
2   <html lang="en">
3   <head>
4       <meta charset="UTF-8">
5       <meta http-equiv="X-UA-Compatible" content="IE=edge">
6       <!-- 设置视口 -->
7       <meta name="viewport" content="width=device-width, initial-scale=1.0">
8       <title>排列方向与换行方式</title>
9       <style>
10          /* 取消页面默认边距 */
11          *{
12              margin: 0;
13              padding: 0;
14          }
15          ul>li{
16              list-style: none;
17          }
18          /* 设置整个 body 页面 */
19          body{
20              min-width: 320px;              /* 规定最小和最大宽度 */
21              max-width: 750px;
22              width: 100%;
23              line-height: 1.5;
24              margin: 0 auto;
25              background-color: #f2f2f2;
26          }
27          ul{
28              width: 100%;
29              border: 1px solid #666;
30              display: flex;                 /* 指定为 Flex 布局 */
31              flex-direction: row-reverse;
                                   /* 主轴方向(排列方向),主轴为水平方向,起点在右端 */
```

244

```
32              flex - wrap: wrap - reverse;   /* 换行方式,换行,第一行在下方 */
33          }
34      ul > li{
35          width: 21%;
                        /* 设置百分比宽度,内容宽度 + 左右外边距: 21% + 2% + 2% = 25% */
36          height: 50px;
37          margin: 2%;
38          background - color: #9ec6e8;
39          }
40      </style>
41  </head>
42  < body >
43      < ul >
44          < li >1</li>
45          < li >2</li>
46          < li >3</li>
47          < li >4</li>
48          < li >5</li>
49          < li >6</li>
50          < li >7</li>
51          < li >8</li>
52      </ul>
53  </body>
54  </html>
```

运行上述代码,排列方向与换行方式的运行效果如图 12-7 所示。

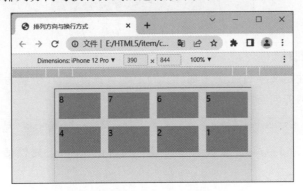

图 12-7 排列方向与换行方式的运行效果

3. justify-content 属性

justify-content 属性定义项目在主轴上的对齐方式,具体对齐方式与主轴的方向有关,其语法格式如下。

```
justify - content: flex - start | flex - end | center | space - between | space - around;
```

在上述语法中,justify-content 属性有 5 个属性值,justify-content 属性值及其说明如表 12-4 所示。

表 12-4 justify-content 属性值及其说明

属 性 值	说 明
flex-start	默认值,左对齐
flex-end	右对齐

移动端布局与响应式开发

续表

属 性 值	说　　明
center	居中
space-between	两端对齐,项目之间的间隔都相等
space-around	每个项目两侧的间隔相等,因此项目之间的间隔比项目与边框的间隔大一倍

当主轴默认为水平方向,起点在左端时,justify-content 属性定义项目在主轴上的对齐方式,如图 12-8 所示。

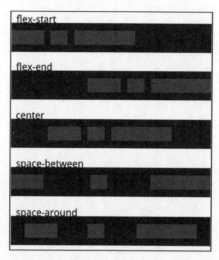

图 12-8　项目在主轴上的对齐方式

4. align-items 属性

align-items 属性定义项目在交叉轴(侧轴)上的对齐方式,在子项为单项时使用,具体的对齐方式与交叉轴的方向有关,其语法格式如下。

```
align - items: flex - start ∣ flex - end ∣ center ∣ baseline ∣ stretch;
```

在上述语法中,align-items 属性有 5 个属性值,align-items 属性值及其说明如表 12-5 所示。

表 12-5　align-items 属性值及其说明

属 性 值	说　　明
flex-start	交叉轴的起点对齐
flex-end	交叉轴的终点对齐
center	交叉轴的中点对齐
baseline	项目的第一行文字的基线对齐
stretch	默认值,伸缩,如果项目未设置高度或设为 auto,将占满整个容器的高度

当交叉轴(侧轴)方向为自上而下时,align-items 属性定义项目在交叉轴上的对齐方式,如图 12-9 所示。

使用 justify-content 属性和 align-items 属性设置项目在主轴和交叉轴上的对齐方式,当其 2 个属性的值皆为 center 时,其项目位于容器正中心位置,具体代码如例 12-3 所示。

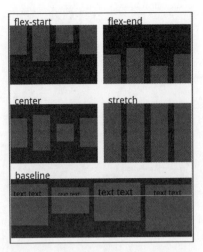

图 12-9　项目在交叉轴上的对齐方式

【例 12-3】　项目位于正中心位置。

```
1   <!DOCTYPE html>
2   <html lang = "en">
3   <head>
4       <meta charset = "UTF - 8">
5       <meta http - equiv = "X - UA - Compatible" content = "IE = edge">
6       <meta name = "viewport" content = "width = device - width, initial - scale = 1.0">
7       <title>项目位于正中心位置</title>
8       <style>
9           /* 取消页面默认边距 */
10          *{
11              margin: 0;
12              padding: 0;
13          }
14          ul > li{
15              list - style: none;
16          }
17          /* 设置整个 body 页面 */
18          body{
19              min - width: 320px;                  /* 规定最小和最大宽度 */
20              max - width: 750px;
21              width: 100%;
22              line - height: 1.5;
23              margin: 0 auto;
24              background - color: #f2f2f2;
25          }
26          ul{
27              width: 100%;
28              height: 200px;
29              border: 1px solid #666;
30              display: flex;                       /* 指定为 Flex 布局 */
31              flex - direction: row - reverse;
                                /* 主轴方向(排列方向),主轴为水平方向,起点在右端 */
32              justify - content: center;           /* 在主轴方向居中对齐 */
```

移动端布局与响应式开发

```
33              align - items: center;  /* 在交叉轴方向居中对齐 */
34          }
35      ul > li{
36              width: 90px;
37              height: 120px;
38              margin: 0 20px;
39              background - color: #a99dd2;
40          }
41      li:nth - child(2){
42              width: 60px;
43              height: 80px;
44              background - color: #edb8b8;
45          }
46      </style>
47 </head>
48 < body >
49      < ul >
50          < li > 1 </li>
51          < li > 2 </li>
52          < li > 3 </li>
53      </ul>
54 </body>
55 </html>
```

运行上述代码,项目位于正中心位置的运行效果如图 12-10 所示。

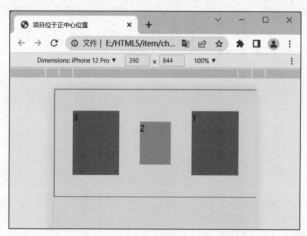

图 12-10 项目位于正中心位置的运行效果

5. align-content 属性

align-content 属性定义多根轴线的对齐方式。如果项目只有一根轴线,该属性不起作用,即 flex-wrap 属性没有使用 wrap 换行,align-content 属性不起作用。align-content 属性的语法格式如下。

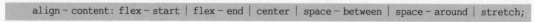

align - content: flex - start | flex - end | center | space - between | space - around | stretch;

在上述语法中,align-content 属性有 6 个属性值,align-content 属性值及其说明如表 12-6 所示。

表 12-6　align-content 属性值及其说明

属　性　值	说　　明
flex-start	与交叉轴的起点对齐
flex-end	与交叉轴的终点对齐
center	与交叉轴的中点对齐
space-between	与交叉轴两端对齐,轴线之间的间隔平均分布
space-around	每根轴线两侧的间隔都相等,因此轴线之间的间隔比轴线与边框的间隔大一倍
stretch	默认值,拉伸,轴线占满整个交叉轴

align-content 属性定义项目在多根轴线上的对齐方式,如图 12-11 所示。

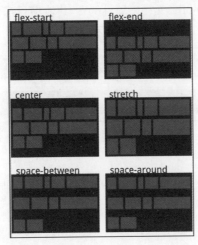

图 12-11　项目在多根轴线上的对齐方式

6. flex-flow 属性

flex-flow 属性是 flex-direction 属性和 flex-wrap 属性的简写形式,默认值为 row nowrap。flex-flow 属性的语法格式如下。

```
flex-flow: <flex-direction> || <flex-wrap>;
```

12.2.3　项目属性

上述 6 个容器属性都是在父元素上使用的,而子元素也带有一些相关属性。Flex 布局的项目属性有 6 个,分别为 order 属性、flex-grow 属性、flex-shrink 属性、flex-basis 属性、flex 属性和 align-self 属性。接下来将具体说明这 6 个项目属性。

1. order 属性

order 属性用于定义项目的排列顺序。数值越小,排列越靠前,默认属性值为 0。order 属性的语法格式如下。

```
order: <integer>;
```

order 属性通过数值大小定义项目的排列顺序,如图 12-12 所示。

2. flex-grow 属性

flex-grow 属性用于定义项目的放大比例,默认值为 0,即容器内即便存在剩余空间,项

第 12 章

移动端布局与响应式开发

图 12-12　order 属性

目也不会放大。flex-grow 属性的语法格式如下。

```
flex - grow: <number>; /* default 0 */
```

如果所有项目的 flex-grow 属性值都为 1,则它们将等分剩余空间,如图 12-13 中的第 1 行所示。如果其中一个项目的 flex-grow 属性为 2,其他项目都为 1,则前者占据的剩余空间将比其他项多一倍,如图 12-13 中的第 2 行所示。

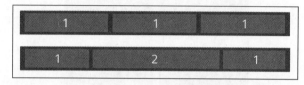

图 12-13　flex-grow 属性

3. flex-shrink 属性

flex-shrink 属性用于定义项目的缩小比例,默认值为 1,即如果容器空间不足,该项目将缩小。flex-shrink 属性的语法格式如下。

```
flex - shrink: <number>; /* default 1 */
```

如果所有项目的 flex-shrink 属性值都为 1,当容器空间不足时,所有项目都将等比例缩小。如果一个项目的 flex-shrink 属性值为 0,其他项目都为 1,则在容器空间不足时,前者不缩小。负值对 flex-shrink 属性无效。

使用<ul>无序列表创建 1 个为 Flex 布局的容器,其宽度为 600px。容器中 3 个项目的宽度皆为 250px,使用 flex-shrink 属性定义项目的缩小比例分别为 0、2 和 3,具体代码如例 12-4 所示。

【例 12-4】 flex-shrink 属性。

```
1   <!DOCTYPE html>
2   <html lang = "en">
3   <head>
4       <meta charset = "UTF - 8">
5       <meta http - equiv = "X - UA - Compatible" content = "IE = edge">
6       <meta name = "viewport" content = "width = device - width, initial - scale = 1.0">
7       <title>flex - shrink 属性</title>
8       <style>
9           /* 取消页面默认边距 */
10          * {
11              margin: 0;
12              padding: 0;
13          }
14          /* 容器 */
15          .flex{
```

```
16              display: flex;              /* 指定为 Flex 布局 */
17              width: 600px;
18              height: 200px;
19              border: 1px solid #666;
20              list - style: none;          /* 取消列表标记 */
21              margin: 20px auto;
22              align - items: center;       /* 交叉轴(侧轴)上的对齐方式,居中 */
23          }
24          /* 项目 */
25          li{
26              width: 250px;
27              height: 120px;
28              font - size: 20px;
29          }
30          li:nth - child(1){
31              background - color: #e6d8b9;
32              flex - shrink: 0;            /* 250px,项目的缩小比例,不缩小 */
33          }
34          li:nth - child(2){
35              background - color: #ee8be8;
36              flex - shrink: 2;            /* 190px,项目的缩小比例,2/(0 + 2 + 3) = 2/5 */
37          }
38          li:nth - child(3){
39              background - color: #6a7eec;
40              flex - shrink: 3;            /* 160px,项目的缩小比例,3/(0 + 2 + 3) = 3/5 */
41          }
42      </style>
43  </head>
44  <body>
45      <!-- 容器 -->
46      <ul class = "flex">
47          <!-- 项目 -->
48          <li> A </li>
49          <li> B </li>
50          <li> C </li>
51      </ul>
52  </body>
53  </html>
```

使用 flex-shrink 属性定义项目的缩小比例,运行效果如图 12-14 所示。

flex-shrink 属性的默认值为 1,如果没有定义该属性,元素将会自动按照默认值 1 在所有因子相加之后计算概率来进行空间收缩。在例 12-4 中,使用 flex-shrink 属性定义 A、B 和 C 这 3 个项目的缩小比例为 0∶2∶3,共将容器的不足空间分为 5 份,即 0+2+3=5 份。容器的宽度为 600px,3 个项目的宽度总和为 250×3=750px,所以 3 个项目在容器中超出的宽度为 750-600=150px。按照比例进行缩小,第 1 个项目 A 的 flex-shrink 属性值为 0,宽度不缩小,其实际宽度仍为 250px;第 2 个项目 B 的 flex-shrink 属性值为 2,溢出量为"超出的宽度×所占的比例",即 150×(2/5)=60px,其实际宽度为 250-60=190px;第 3 个项目 C 的 flex-shrink 属性值为 3,溢出量为"超出的宽度×所占的比例",即 150×(3/5)=90px,其实际宽度为 250-90=160px。

4. flex-basis 属性

flex-basis 属性用于定义在分配多余空间之前项目所占据的主轴空间(Main Size)。浏

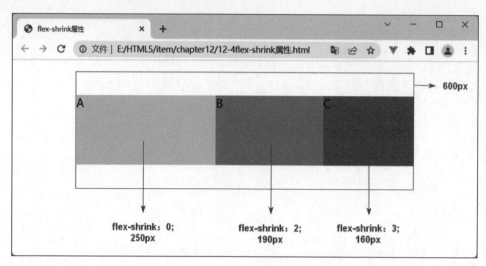

图 12-14　flex-shrink 属性的运行效果

览器根据 flex-basis 属性计算主轴是否有剩余空间。它的默认值为 auto,即项目的原始大小。flex-basis 属性的语法格式如下。

```
flex – basis:<length> | auto; /* default auto */
```

flex-basis 属性值如果与 width 属性或 height 属性值(如 360px)相同,则项目将占据固定空间。

5. flex 属性

flex 属性是 flex-grow 属性、flex-shrink 属性和 flex-basis 属性的简写,默认值为 0 1 auto。flex-shrink 属性和 flex-basis 属性为可选属性。当 flex 属性只写一个数值时,该数值代表项目中元素占据的份数,如"flex:1"表示项目中的各个子元素平均分配该项目的空间。

flex 属性的语法格式如下。

```
flex: none | [ <'flex – grow'> <'flex – shrink'>? || <'flex – basis'> ]
```

flex 属性有 2 个快捷值,即 auto(1 1 auto)和 none(0 0 auto)。建议优先使用 flex 属性,而不是单独写 3 个分离的属性,因为浏览器会自动推算相关值。

6. align-self 属性

align-self 属性允许单个项目具备与其他项目不一样的对齐方式,可覆盖 align-items 属性。默认值为 auto,表示继承父元素的 align-items 属性,如果没有父元素,则等同于 stretch。align-self 属性的语法如下。

```
align – self: auto | flex – start | flex – end | center | baseline | stretch;
```

align-self 属性可以取 6 个值,除了 auto,其他值都与 align-items 属性完全一致。

12.3　实例十五:"智慧教学"搜索专栏

在网页中使用 Flex 布局,最常见的应用场景便是:一行多列,等分布局,一行内,文字和图片垂直居中对齐;子元素在父元素中水平垂直居中对齐。使用 Flex 布局能够更便捷简单地实现最常见的样式布局。

12.3.1 "'智慧教学'搜索专栏"页面效果图

本实例是使用 Flex 布局模仿制作一个"'智慧教学'搜索专栏"页面。该页面主要由
<div>元素块、<a>超链接、<input>控件、<img>图片标签和<span>内联元素构成。"'智
慧教学'搜索专栏"页面效果图如图 12-15 所示。

图 12-15 "'智慧教学'搜索专栏"页面效果图

12.3.2 实现"'智慧教学'搜索专栏"页面效果

1. 主体结构代码

新建一个 HTML5 文件,以外链方式在该文件中引入 CSS3 文件。首先,在<body>标
签中创建 3 个<div>元素块,分别为其添加 class 名,即". search"顶部搜索框模块、
". banner"广告模块、". column"中部栏目分类模块。其中,顶部搜索框模块由"登录提示"
"输入框""加号"这 3 部分组成;广告模块主要由图片组成;中部栏目分类模块包含 4 个<a>
超链接,作为栏目分类,每个<a>超链接中都包含图片和文字。然后,在这 3 个模块中添加
相应内容,制作"'智慧教学'搜索专栏"的页面,具体代码如例 12-5 所示。

【例 12-5】 "智慧教学"搜索专栏。

```
1   <!DOCTYPE html>
2   <html lang = "en">
3   <head>
4       <meta charset = "UTF - 8">
5       <meta http - equiv = "X - UA - Compatible" content = "IE = edge">
6       <meta name = "viewport" content = "width = device - width, initial - scale = 1.0">
7       <title>"智慧教学"搜索专栏</title>
8       <link type = "text/css" rel = "stylesheet" href = "flex.css">
9   </head>
10  <body>
11      <!-- 顶部搜索框模块 -->
```

```
12          < div class = "search">
13              <!-- 登录提示 -->
14              < a href = " # " class = "login"></a >
15              <!-- 输入框 -->
16              < div class = "text">
17                  <!-- 放大镜图标 -->
18                  < span class = "glass"></span >
19                  < input type = "search" value = "前端">
20              </div >
21              <!-- 加号 -->
22              < a hrcf - " # " class = "plus"></a >
23          </div >
24      <!-- 广告模块 -->
25      < div class = "banner">
26          < img src = "../images/banner.jpg" alt = "">
27      </div >
28      <!-- 中部栏目分类模块 -->
29      < div class = "column">
30          < a href = " # ">
31              < img src = "../images/col - 1.png" alt = "">
32              < span >好课推荐</span >
33          </a >
34          < a href = " # ">
35              < img src = "../images/col - 2.png" alt = "">
36              < span >知播专栏</span >
37          </a >
38          < a href = " # ">
39              < img src = "../images/col - 3.png" alt = "">
40              < span >学习自助</span >
41          </a >
42          < a href = " # ">
43              < img src = "../images/col - 4.png" alt = "">
44              < span >资讯信息</span >
45          </a >
46      .   </div >
47  </body >
48  </html >
```

2. CSS3 代码

新建一个 CSS3 文件为 flex.css,在该文件中加入设置页面样式的 CSS3 代码,具体代码
如下。

```
1   / * 取消页面默认边距 * /
2   * {
3       margin: 0;
4       padding: 0;
5   }
6   ul > li{
7       list - style: none;
8   }
9   a{
10      text - decoration: none;
11  }
```

```
12    /* 设置整个 body 页面 */
13    body{
14        min-width: 320px;                        /* 规定最小和最大宽度 */
15        max-width: 750px;
16        width: 100%;
17        line-height: 1.5;
18        margin: 0 auto;
19        background-color: #f2f2f2;
20        }
21        /* 顶部搜索框 */
22    .search{
23        display: flex;                           /* 指定为 Flex 布局 */
24        width: 100%;
25        min-width: 320px;                        /* 规定最小和最大宽度 */
26        max-width: 750px;
27        height: 50px;
28        background-color:  rgb(253,194,138);
29        position: fixed;                         /* 添加固定定位 */
30        top: 0;
31        left: 50%;                               /* 距离左侧偏移 50% */
32        transform: translateX(-50%);             /* 向左位移自身 50% 的宽度 */
33        z-index: 99;
34        }
35    /* 登录提示 */
36    .search .login{
37        width: 25px;
38        height: 25px;
39        margin: 12px 25px;
40        background: url("../images/login.png") no-repeat;   /* 添加背景图片 */
41        background-size: 100% 100%;                         /* 设置背景图片尺寸 */
42        }
43    /* 输入框的父元素 */
44    .search .text{
45        display: flex;
46        position: relative;                      /* 添加相对定位 */
47        flex: 1;                                 /* 得到搜索框模块的所有剩余空间 */
48        height: 30px;
49        background-color: rgb(250, 250, 250, 0.3);
50        margin: 10px auto;
51        border-radius: 15px;
52        overflow: hidden;                        /* 消除添加圆角之后的异常问题 */
53    }
54    /* 放大镜图标 */
55    .search .text .glass{
56        display: inline-block;
57        width: 24px;
58        height: 24px;
59        background: url('../images/glass.png') no-repeat;
60        background-size: 100% 100%;
61        margin: 3px 10px;
62    }
63    /* 输入框 */
64    .search .text input{
65        flex: 1;
```

255

```
66        height: 100%;
67        background-color: transparent;        /* 背景颜色设置为透明 */
68        outline: none;                        /* 取消单击文本框时的边框效果 */
69        border: 0;                            /* 取消边框 */
70        font-size: 15px;
71    }
72    /* 加号 */
73    .search .plus{
74        width: 25px;
75        height: 25px;
76        margin: 12px 25px;
77        background: url("../images/plus.png") no-repeat;
78        background-size: 100% 100%;
79    }
80    /* 广告模块 */
81    .banner{
82        width: 100%;
83        height: 55%;
84    }
85    /* 广告模块中的图片 */
86    .banner img{
87        width: 100%;
88        height: 100%;
89        vertical-align: middle;               /* 清除图片底部空白间隙 */
90    }
91    /* 中部栏目分类模块 */
92    .column{
93        width: 100%;
94        display: flex;                        /* 指定为 Flex 布局 */
95    }
96    /* 栏目分类模块中的<a>超链接 */
97    .column a{
98        width: 25%;
99        height: 100px;
100       text-align: center;
101       text-decoration: none;                /* 取消文本修饰 */
102       background-color: #fff;
103   }
104   /* 超链接中的图片 */
105   .column a img{
106       display: block;                       /* 转为块级元素 */
107       width: 50px;
108       height: 50px;
109       margin: 10px auto 4px;
110   }
111   /* 超链接中的文字 */
112   .column a span{
113       display: block;
114       font-size: 14px;
115       font-weight: 600;
116       color: #6c6f78;
117   }
```

在上述 CSS3 代码中,使用 Flex 布局设计页面的排版是本节的重点内容。首先,使用

display:flex 将顶部搜索框模块指定为 Flex 布局,并使用固定定位将其定位到页面的顶部居中位置。然后,使用 flex:1 使".text"输入框结构获取搜索框模块的所有剩余空间,即得到"登录提示"和"加号"结构以外的所有剩余空间。同理,输入框结构内部也是类似的布局。最后,使用 display:flex 将中部栏目分类模块指定为 Flex 布局,从而使中部栏目分类模块中的 4 个子模块整齐有序地依次横向排列。

12.4 响应式开发

响应式开发的目的是使一套代码可以适应不同尺寸的设备,如 PC 端、手机端、平板,以达到减小开发量,提升可维护性的目的。

12.4.1 媒体查询

1. 概述

响应式开发是利用 CSS 中的媒体查询功能来实现的,即@media 方式。使用@media 查询,可以针对不同的媒体类型和屏幕尺寸来定义不同的样式操作。媒体查询的语法格式如下。

```
@media 媒体类型 and|not|only 媒体特性{
    CSS code
}
```

媒体类型是将不同的终端设备划分成不同的类型。and(与)、not(非)和 only(只有)为关键字,可将媒体类型或多个媒体特性连接在一起作为媒体查询的条件。and 可将多个媒体特性连接在一起;not 可排除某个媒体类型,可以省略;only 可指定某个特定的媒体类型,可以省略。媒体特性是设备自身具有的特性,如屏幕尺寸等。

媒体类型和媒体特性的取值说明如表 12-7 和表 12-8 所示。

表 12-7 媒体类型的取值说明

媒 体 类 型	说　　明
all	用于所有设备
print	用于打印机和打印浏览
screen	用于计算机屏幕、平板电脑、智能手机等
speech	用于屏幕阅读器等发声设备

表 12-8 媒体特性的取值说明

媒 体 特 性	说　　明
max-width	定义最大可见区域宽度
min-width	定义最小可见区域宽度
max-height	定义最大可见区域高度
min-height	定义最小可见区域高度
orientation	定义输出设备中的页面为 portrait 竖屏还是 landscape 横屏

2. 注意事项

媒体查询有两点需要注意的事项,如下所述。

（1）媒体查询通常根据屏幕的尺寸按照从大到小或者从小到大的顺序来编写代码,建议按照从小到大的顺序,这是由于后面的样式会覆盖前面的样式,当屏幕尺寸区间有重合的地方时,可以省略重合区间的代码。

（2）min-width 最小值和 max-width 最大值都是包含等于的,在赋值时,一定要注意这一点。

3. 演示说明

根据不同的屏幕尺寸改变元素的背景颜色和排列方向。当屏幕尺寸小于 600px 时,元素的背景颜色为橙色,排列方向为纵向;当屏幕尺寸为 600px～1000px 时,元素的背景颜色为蓝色,使用 float 属性使其排列方向为横向;当屏幕尺寸大于 1000px 时,元素的背景颜色为绿色,排列方向为横向。具体代码如例 12-6 所示。

【例 12-6】 媒体查询。

```
1   <!DOCTYPE html>
2   < html lang = "en">
3   < head >
4       < meta charset = "UTF - 8">
5       < meta http - equiv = "X - UA - Compatible" content = "IE = edge">
6       < meta name = "viewport" content = "width = device - width, initial - scale = 1.0">
7       <title>媒体查询</title>
8       < style >
9           /* 取消页面默认边距 */
10          * {
11              margin: 0;
12              padding: 0;
13          }
14          ul{
15              width: 100 % ;
16              border: 1px solid #666;
17              overflow: hidden;                      /* 清除浮动带来的影响 */
18          }
19          ul > li{
20              list - style: none;
21              width: 100px;
22              height: 50px;
23              border: 1px solid #4e77c3;
24              margin: 20px;
25          }
26          /* 屏幕小于 600px 时 */
27          @media screen and (max - width: 599px) {
28              ul > li {
29                  background - color: #eac095;        /* 背景颜色为橙色 */
30              }
31          }
32          /* 屏幕尺寸为 600px～1000px 时 */
33          @media screen and (min - width: 600px) {
34              ul > li {
35                  background - color: #8297d7;        /* 背景颜色为蓝色 */
36                  float: left;
37              }
38          }
```

```
39              /* 屏幕大于 1000px 时 */
40              @media screen and (min-width: 1001px) {
41                  ul > li {
42                      background-color: #9be589;  /* 背景颜色为绿色 */
43                  }
44              }
45          </style>
46      </head>
47      <body>
48          <ul>
49              <li>1</li>
50              <li>2</li>
51              <li>3</li>
52          </ul>
53      </body>
54  </html>
```

当屏幕尺寸小于 600px 时,元素的背景颜色为橙色,排列方向为纵向,媒体查询的运行效果如图 12-16 所示。

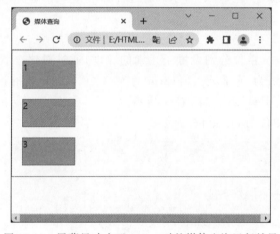

图 12-16　屏幕尺寸小于 600px 时的媒体查询运行效果

当屏幕尺寸为 600px～1000px 时,元素的背景颜色为蓝色,使用 float 属性使其排列方向为横向,媒体查询的运行效果如图 12-17 所示。

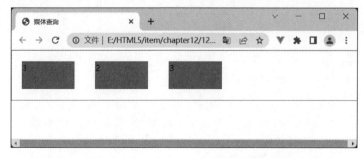

图 12-17　屏幕尺寸为 600px～1000px 时的媒体查询运行效果

移动端布局与响应式开发

12.4.2 Rem 布局

Rem 布局主要是为了解决字体随屏幕变化的问题,实现高度和宽度等比例缩放。Rem 布局的原理是通过控制 html 根元素的字体大小来同步控制网页的整体布局,以达到类似于自适应等比例缩放的效果。

1. rem 单位

rem(root em)是一个相对单位,类似于 em。em 作为 font-size 的单位时,代表其父元素的字体大小;em 作为其他属性的单位时,代表自身的字体大小。rem 作用于非根元素时,相对于根元素(html)字体大小;rem 作用于根元素字体大小时,相对于其初始字体大小。例如,根元素设置 font size= 14px,非根元素设置 width:2rem,则非根元素的 px 像素值为 28px。

rem 的优点是可以通过修改根元素(html)中的字体大小来同步修改页面中其他元素的大小,通过 rem 既可以做到只修改根元素就成比例地调整所有字体大小,又可以避免字体大小逐层复合的连锁反应。例如,浏览器默认的 html 字体大小为 16px,即 font－size＝16px,如果需要设置元素字体大小为 24px,通过计算可得 24/16＝1.5,因此元素只需设置 font－size＝1.5rem。

2. 演示说明

使用 rem 单位和 em 单位分别设置子元素的宽度,通过对比查看两者之间的差异,其中,rem 单位的计算方式为"页面元素值/html 字体大小",em 单位的计算方式为"页面元素值/父元素字体大小"。具体代码如例 12-7 所示。

【例 12-7】 rem 单位与 em 单位。

```
1   <!DOCTYPE html>
2   <html lang = "en">
3   <head>
4       <meta charset = "UTF - 8">
5       <meta http - equiv = "X - UA - Compatible" content = "IE = edge">
6       <meta name = "viewport" content = "width = device - width, initial - scale = 1.0">
7       <title>rem 单位与 em 单位</title>
8       <style>
9           /* 取消页面默认边距 */
10          * {
11              margin: 0;
12              padding: 0;
13          }
14          /* 定义 html 文字大小 */
15          html {
16              font - size: 16px;
17          }
18          div {
19              font - size: 20px;        /* 定义 p 元素的父元素字体大小 */
20              width: 15rem;             /* 15 * 16 = 240px */
21              height: 15rem;
22              border: 2px solid #999;
23              float: left;              /* 设置向左浮动 */
```

```
24              margin: 20px;
25          }
26      .p1 {
27          /* rem 相对于 html 元素的字体大小 */
28          width: 10rem;   /* 10 * 16 = 160px */
29          height: 10rem;
30          font - size: 1rem;   /* 1 * 16 = 16px */
31          background - color: rgb(235, 166, 137);
32          /* rem 的优点就是可以通过修改 html 里面的字体大小来改变页面中元素的大小,
    实现整体控制 */
33          }
34      .p2 {
35          /* em 相对于父元素的字体大小 */
36          width: 10em;   /* 10 * 20 = 200px */
37          height: 10em;
38          font - size: 1em;   /* 1 * 20 = 20px */
39          background - color: rgb(222, 149, 227);
40          }
41      </style>
42  </head>
43  <body>
44      <div>
45          <p class = "p1">
46              树深时见鹿,溪午不闻钟。(rem 单位)
47          </p>
48      </div>
49      <div>
50          <p class = "p2">
51              荷笠带斜阳,青山独归远。(em 单位)
52          </p>
53      </div>
54  </body>
55  </html>
```

运行上述代码,rem 单位与 em 单位的运行效果如图 12-18 所示。

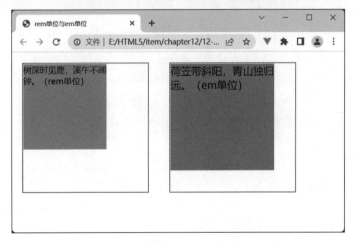

图 12-18   rem 单位与 em 单位的运行效果

移动端布局与响应式开发

12.5 实例十六："智慧教学"首页

为了适配各种屏幕尺寸的手机,可以使用 Rem 布局使页面实现等比例适配所有屏幕。rem 是 CSS3 新增的一种单位,可以针对不同手机屏幕尺寸动态地改变根节点(html)的字体大小(font-size),以此作为基准值来适配各种屏幕尺寸的手机。

12.5.1 "智慧教学"首页效果图

为了使页面能够更好地在不同的设备上进行等比例缩放,实现页面元素尺寸的动态变化。本实例使用 Rem 布局并结合 Flex 布局模仿制作一个"智慧教学"App 首页的页面。该页面主要由<div>元素块、<ul>无序列表、<a>超链接、<input>控件、<img>图片标签和<span>内联元素构成。"智慧教学"首页效果图如图 12-19 所示。

图 12-19 "智慧教学"首页效果图

12.5.2 实现"智慧教学"首页效果

1. 主体结构代码

新建一个 HTML5 文件,以外链方式在该文件中引入 CSS3 文件。首先,在<body>标

签中创建 5 个 < div > 元素块，分别为其添加 class 名，即". search"顶部搜索框模块、
". banner"广告模块、". column"中部栏目分类模块、". course"精选课程模块、". tabbar"底
部标签栏模块。然后，在这 5 个模块中添加相应内容，制作"智慧教学"App 首页的页面，具
体代码如例 12-8 所示。

【例 12-8】 "智慧教学"首页 Rem 布局。

```
1    <! DOCTYPE html >
2    < html lang = "en">
3    < head >
4        < meta charset = "UTF - 8">
5        < meta http - equiv = "X - UA - Compatible" content = "IE = edge">
6        < meta name = "viewport" content = "width = device - width, initial - scale = 1.0">
7        <title>"智慧教学"首页 Rem 布局</title>
8        < link type = "text/css" rel = "stylesheet" href = "rem.css">
9    </head>
10   < body >
11       <!-- 顶部搜索框模块 -->
12       < div class = "search">
13           <!-- 登录提示 -->
14           < a href = "#" class = "login"></a>
15           <!-- 输入框 -->
16           < div class = "text">
17               <!-- 放大镜图标 -->
18               < span class = "glass"></span>
19               < input type = "search" value = "前端">
20           </div>
21           <!-- 加号 -->
22           < a href = "#" class = "plus"></a>
23       </div>
24       <!-- 广告模块 -->
25       < div class = "banner">
26           < img src = "../images/banner.jpg" alt = "">
27       </div>
28       <!-- 中部栏目分类模块 -->
29       < div class = "column">
30           < a href = "#">
31               < img src = "../images/col - 1.png" alt = "">
32               < span>好课推荐</span>
33           </a>
34           < a href = "#">
35               < img src = "../images/col - 2.png" alt = "">
36               < span>知播专栏</span>
37           </a>
38           < a href = "#">
39               < img src = "../images/col - 3.png" alt = "">
40               < span>学习自助</span>
41           </a>
42           < a href = "#">
43               < img src = "../images/col - 4.png" alt = "">
44               < span>资讯信息</span>
45           </a>
46       </div>
```

```
47        <!-- 精选课程模块 -->
48        < div class = "course">
49            <p>精选课程</p>
50            <!-- 课程图片列表 -->
51            < ul class = "course-list">
52                < li>< img src = "../images/course-1.jpg" alt = ""></li>
53                < li>< img src = "../images/course-2.jpg" alt = ""></li>
54                < li>< img src = "../images/course-3.jpg" alt = ""></li>
55                < li>< img src = "../images/course-4.jpg" alt = ""></li>
56                < li>< img src = "../images/course-5.jpg" alt = ""></li>
57                < li>< img src = "../images/course-6.jpg" alt = ""></li>
58                < li>< img src = "../images/course-7.jpg" alt = ""></li>
59                < li>< img src = "../images/course-8.jpg" alt = ""></li>
60            </ul>
61        </div>
62        <!-- 底部标签栏模块 -->
63        < div class = "tabbar">
64            < ul class = "tab-list">
65                < li>
66                    <!-- 图标 -->
67                    < img src = "../images/tab-1.png" alt = "">
68                    <!-- 标签名 -->
69                    < a class = "current" href = "#">首页</a>
70                </li>
71                < li>
72                    <!-- 图标 -->
73                    < img src = "../images/tab-2.png" alt = "">
74                    <!-- 标签名 -->
75                    < a href = "#">教师</a>
76                </li>
77                < li>
78                    <!-- 图标 -->
79                    < img src = "../images/tab-3.png" alt = "">
80                    <!-- 标签名 -->
81                    < a href = "#">学生</a>
82                </li>
83                < li>
84                    <!-- 图标 -->
85                    < img src = "../images/tab-4.png" alt = "">
86                    <!-- 标签名 -->
87                    < a href = "#">设置</a>
88                </li>
89            </ul>
90        </div>
91    </body>
92    </html>
```

2. CSS3 代码

新建一个 CSS3 文件为 rem.css,在该文件中加入设置页面样式的 CSS3 代码,具体代码如下。

```
1    /* 首先定义初始化 html 的字体大小 */
2    html{
```

```
 3          font - size: 50px;
 4      }
 5      /* 根据浏览器中一些常见的屏幕尺寸,设置 html 的字体大小,其中页面划分的份数为 15 */
 6      @media screen and (min - width: 320px){
 7          html{
 8              font - size: 21.3px;              /* 字体大小为页面元素值 / 划分的份数(15) */
 9          }
10      }
11      @media screen and (min - width: 360px){
12          html{
13              font - size: 24px;
14          }
15      }
16      @media screen and (min - width: 375px){
17          html{
18              font - size: 25px;
19          }
20      }
21      @media screen and (min - width: 390px){
22          html{
23              font - size: 26px;
24          }
25      }
26      @media screen and (min - width: 414px){
27          html{
28              font - size: 27.6px;
29          }
30      }
31      @media screen and (min - width: 480px){
32          html{
33              font - size: 32px;
34          }
35      }
36      @media screen and (min - width: 540px){
37          html{
38              font - size: 36px;
39          }
40      }
41      @media screen and (min - width: 750px){
42          html{
43              font - size: 50px;
44          }
45      }
46      /* 取消页面默认边距 */
47      *{
48          margin: 0;
49          padding: 0;
50      }
51      ul > li{
52          list - style: none;
53      }
54      a{
55          text - decoration: none;
56      }
```

移动端布局与响应式开发

266

```css
57    /* 设置整个 body 页面 */
58    body{
59        min-width: 320px;                                    /* 规定最小和最大宽度 */
60        max-width: 750px;
61        width: 15rem; /* 设置宽度的 rem 值,为页面元素值 / html 字体大小(该页面为 50px) */
62        line-height: 1.5;
63        margin: 0 auto;
64        background-color: #f2f2f2;
65        }
66        /* 顶部搜索框模块 */
67    .search{
68        display: flex;                                       /* 指定为 Flex 布局 */
69        min-width: 320px;                                    /* 规定最小和最大宽度 */
70        max-width: 750px;
71        width: 15rem;
72        height: 1.2rem;
73        background-color: rgb(253,194,138);
74        position: fixed;                                     /* 添加固定定位 */
75        top: 0;
76        left: 50%;                                           /* 距离左侧偏移 50% */
77        transform: translateX(-50%);                         /* 向左位移自身 50% 宽度 */
78        z-index: 99;
79        }
80    /* 登录提示 */
81    .search .login{
82        width: 0.7rem;
83        height: 0.7rem;
84        margin: 0.25rem 0.4rem;
85        background: url("../images/login.png") no-repeat;    /* 添加背景图片 */
86        background-size: 100% 100%;                          /* 设置背景图片尺寸 */
87        }
88    /* 输入框的父元素 */
89    .search .text{
90        display: flex;
91        position: relative;                                  /* 添加相对定位 */
92        flex: 1;                                             /* 得到搜索框模块的所有剩余空间 */
93        height: 0.8rem;
94        background-color: rgb(250, 250, 250, 0.3);
95        margin: 0.2rem auto;
96        border-radius: 0.4rem;
97        overflow: hidden;                                    /* 消除添加圆角之后的异常问题 */
98    }
99    /* 放大镜图标 */
100   .search .text .glass{
101       display: inline-block;
102       width: 0.6rem;
103       height: 0.6rem;
104       background: url('../images/g.png') no-repeat;
105       background-size: 100% 100%;
106       margin: 0.1rem 0.25rem;
107   }
108   /* 输入框 */
109   .search .text input{
110       flex: 1;
```

```
111        height: 100%;
112        background - color: transparent;              /* 背景颜色设置为透明 */
113        outline: none;                                /* 取消单击文本框时的边框效果 */
114        border: 0;                                     /* 取消边框 */
115        font - size: 0.38rem;
116  }
117  /* 加号 */
118  .search .plus{
119        width: 0.7rem;
120        height: 0.7rem;
121        margin: 0.25rem 0.4rem;
122        background: url("../images/plus.png") no - repeat;
123        background - size: 100% 100%;
124  }
125  /* 广告模块 */
126  .banner{
127        width: 15rem;
128        height: 8.2rem;
129  }
130  /* 广告模块中的图片 */
131  .banner img{
132        width: 100%;
133        height: 100%;
134        vertical - align: middle;                      /* 清除图片底部空白间隙 */
135  }
136  /* 中部栏目分类模块 */
137  .column{
138        width: 15rem;
139        display: flex;                                 /* 指定为 Flex 布局 */
140        border - bottom: 1px solid #ccc;
141  }
142  /* 栏目分类模块中的<a>超链接 */
143  .column a{
144        width: 3.75rem;
145        height: 2.6rem;
146        text - align: center;
147        text - decoration: none;                       /* 取消文本修饰 */
148        background - color: #fff;
149  }
150  /* 超链接中的图片 */
151  .column a img{
152        display: block;                                /* 转为块级元素 */
153        width: 1.25rem;
154        height: 1.25rem;
155        margin: 0.28rem auto 0.1rem;
156  }
157  /* 超链接中的文字 */
158  .column a span{
159        display: block;
160        font - size: 0.35rem;
161        font - weight: bolder;
162        color: #6c6f78;
163  }
```

```
164 /* 精选课程模块 */
165 .course{
166     width: 15rem;
167     background-color: #fff;
168 }
169 .course p{
170     width: 15rem;
171     text-align: center;
172     font-size: 0.7rem;
173     font-weight: bolder;
174     padding: 0.4rem 0;
175 }
176 /* 课程图片列表 */
177 .course .course-list{
178     width: 15rem;
179     display: flex;
180     flex-wrap: wrap;
181     justify-content: space-around;
182 }
183 .course-list > li{
184     width: 6.8rem;
185     height: 4rem;
186     margin-bottom: 0.6rem;
187 }
188 .course-list > li > img{
189     width: 100%;
190     height: 100%;
191     vertical-align: middle;
192 }
193 /* 底部标签栏模块 */
194 .tabbar{
195     min-width: 320px;              /* 规定最小和最大宽度 */
196     max-width: 750px;
197     width: 15rem;
198     height: 1.9rem;
199     background-color: #f6f5f1;
200     position: fixed;              /* 添加固定定位 */
201     bottom: 0;
202     left: 50%;                    /* 距离左侧偏移 50% */
203     transform: translateX(-50%);  /* 向左位移自身 50% 宽度 */
204     z-index: 99;
205 }
206 .tabbar .tab-list{
207     width: 15rem;
208     height: 1.9rem;
209     display: flex;
210     justify-content: space-around;  /* 主轴方向上,每个项目两侧的间隔相等 */
211 }
212 .tabbar .tab-list > li{
213     display: flex;
214     flex-direction: column;
215     justify-content: center;      /* 主轴方向上,居中对齐 */
216     align-items: center;          /* 交叉轴方向上,居中对齐 */
217 }
```

```
218  .tab－list＞li＞img{
219      width: 0.9rem;
220      height: 0.9rem;
221      vertical－align: middle;
222  }
223  .tab－list＞li＞a{
224      color: #999;
225      font－size: 0.35rem;
226  }
227  .tab－list＞li＞a.current{
228      color: #b56e12;
229  }
```

在上述 CSS3 代码中,首先,初始化 html 根元素的字体大小,再使用媒体查询设置不同屏幕尺寸下的 html 的字体大小,并将页面划分为 15 份。然后,规定整个 body 的最大和最小宽度,通过 Rem 布局设置页面,使其等比例缩放实现页面元素尺寸的动态变化。最后,使用 Flex 布局并结合 rem 单位设置中部栏目分类模块、精选课程模块和底部标签栏模块的排版与布局。

12.6 本 章 小 结

本章重点讲述如何实现移动端的布局,主要介绍了流式布局、Flex 布局和 Rem 布局,以及视口、rem 单位和媒体查询的使用方法。希望通过本章内容的分析和讲解,读者能够了解并掌握以上 3 种移动端布局方式,并结合这 3 种布局方式,通过合理搭配来设计出符合不同需求的页面。

12.7 习   题

1. 填空题

(1) 视口可分为_____、_____和_____。

(2) 容器有两根轴,即_____和_____。

(3) 媒体查询可以针对不同的_____和_____来定义不同的样式操作。

(4) _____属性定义盒子内部的子元素的排列方向。

2. 选择题

(1) 在 Flex 布局中,决定交叉轴的方向的属性是(   )。

    A. flex-direction　　　　　　　　　　B. flex-flow

    C. align-items　　　　　　　　　　　　D. align-content

(2) 在 CSS3 中,以 html 为参照物的 font-size 的单位是(   )。

    A. rem　　　　　　B. em　　　　　　C. px　　　　　　D. %

(3) 下列不属于 Flex 布局的容器属性是(   )。

    A. flex-direction　　　　　　　　　　B. flex-flow

    C. flex-grow　　　　　　　　　　　　D. justify-content

移动端布局与响应式开发

(4) 下列选项中,不属于 viewport 的属性值的是(　　)。

A. width＝device-width

B. initial-scale＝1.0

C. user-scalable＝no

D. UTF-8

3. 思考题

(1) 简述媒体类型中各关键字的含义。

(2) 简述 rem 单位和 em 单位的区别。